글 린다 베르톨라 · 그림 아그네세 바루치

놀면서 즐겁게 배우는 수학?
할 수 있습니다. 반드시 해야 합니다!

아이들이 수학을 꾸준히 공부하려면, 어릴 때부터 즐겁게, 그리고 쉽게 배워야 합니다. 즐거움은 학습의 강력한 동기가 되며, 높은 성취감을 심어 주기 때문입니다. 하지만 막상 수학을 어떻게 재미있게 가르쳐야 할지 엄두가 나지 않지요. 그런 고민이 있는 부모님들을 위해, 즐겁게 수학을 배울 수 있는, 미치도록 재미있는 수학 교재 〈수빠맨〉을 준비했습니다.

수학에 빠진 전 세계 아이들이 맨 처음 선택한 기초 교재, 〈수빠맨〉은 재미있고 흥미진진한 이야기를 초등 수학의 네 가지 학습 영역으로 구성하여, 다채로운 수학 문제 풀이 활동을 할 수 있도록 했습니다. 여러 가지 수학 놀이 활동을 하는 동안, 초등 수학 전 과정에 걸쳐 핵심 개념을 습득할 수 있습니다.

이 책은 단원마다 짧은 이야기에서부터 시작합니다. 기발하면서도 재미난 상상이 가득한 이야기를 읽고 이야기와 긴밀하게 이어져 있는 수학 문제를 풀어 나가면서 수학 독해력을 기르는 훈련을 하게 되지요. 더 나아가 생활과 수학이 밀접하게 연관되어 있다는 것을 체득하며 수학에 대한 호기심과 흥미가 자연스럽게 생길 것입니다.

〈수빠맨〉은 수학 개념을 무작정 외우는 대신, 아이들 스스로 수학 개념을 익힐 수 있도록 설계했습니다. 책에 있는 여러 수학 활동들을 아이들 '스스로' 할 수 있도록 도와주세요. 스스로 문제를 해결해 가면서 수학에 대한 자신감을 기를 수 있을 테니까요.

• 기다려 주세요!

　아이가 문제를 풀 때까지 시간이 오래 걸릴 수 있습니다. 또 책을 다 풀지 않고 중간에 덮어 버리거나, 어떤 문제는 건너뛸 수도 있습니다. 그것만으로 수학을 포기했다고 단정하지 마세요. 그저 아이를 믿고 기다려 주세요.

• 답을 알려 주는 대신, 질문을 하세요!

　아이들이 어떻게 풀어야 하는지, 답이 무엇인지 모르겠다고 했을 때 바로 답을 알려 주지 마세요. 대신 질문을 통해 아이들을 정답으로 유도해 주세요. 문제를 다시 잘 읽어 보도록 독려하거나, 막힌 부분이 무엇인지 물어보고 아이 스스로 답을 찾아 나갈 수 있도록 도와주세요.

• 수학 문제 해결의 첫 단계는 이해라는 점을 잊지 마세요!

　수학 공부를 막 접하는 초등 저학년일수록 문제만 읽고 무턱대고 계산하거나 문제 푸는 공식만 외지 않도록 주의해야 합니다. 대신 한 문제를 풀더라도 아이가 문제를 제대로 이해할 수 있도록 시간을 충분히 주세요. 또한 아이들이 수학 문제의 답을 잘 맞히는 것보다, 문제를 어떻게 풀었는지 설명하는 것을 습관화할 수 있게 도와주세요. 어떤 풀이 과정을 거쳐 답을 구했는지 아는 것이 가장 중요합니다.

• 생활에서 수학을 찾아보세요!

　아이들이 생활 속에서 수를 발견하도록 도와주세요. 여러 활동을 하는 동안 수학이 언제, 어떻게 쓰이는지 물어보고 이야기해 주세요. 이 책을 읽고 난 뒤에는 생활에서 수학이 어떻게 적용되고 실현되는지 아이와 함께 찾아보세요.

초등학생을 위한 최고의 수학 학습서 <수빠맨>

우리가 늘 해 온, 익숙한 수학 공부는 어떤 형태일까요? 여러 가지 수학적 개념과 공식을 외우고 이해하는 것, 그리고 그 이해를 바탕으로 이런저런 문제를 푸는 것을 떠올릴 수 있습니다. 하지만 초등학생에게 그와 같은 학습 방법을 그대로 적용하는 게 반드시 옳지는 않습니다. 그러한 정통의 수학 학습법은 조금 나중에 한다고 하더라도 늦지 않습니다. 수학을 이제 막 시작하는 초등학생은 수학과 친숙해지는 방식으로 공부하는 것이 훨씬 더 중요합니다.

시중에는 연산 훈련을 하는 교재나 부모님과 아이가 함께 공부할 수 있는 수학 교재가 많이 있습니다. 처음 출판사에서 초등학생을 대상으로 수학책을 펴낸다고 들었을 때 기존에 있는 다른 책들과 무엇이 다를까 궁금했습니다. 그리고 이 책을 살펴보고 나니 확신할 수 있었습니다. <수빠맨>은 아주 특별한 책이라는 것을 말입니다. 이 책은 조금만 살펴보아도 어떻게 전 세계 어린이들의 마음을 사로잡았는지 알 수 있습니다. 아이들의 시선을 끄는 캐릭터와 함께 다양한 환경에서 일어나는 재미있는 이야기들로 가득 차 있는 책이거든요.

<수빠맨>은 평범하고 시시한 수학 학습서가 아닙니다. 등장하는 캐릭터와 이들이 끌어가는 이야기가 재미있기도 하지만 무엇보다도 수학적인 내용이 알찹니다. 수와 연산, 도형과 측정, 규칙과 추론 등 초등학교 수학 교육 과정에 등장하는 필수적인 내용이 충실하게 담겨 있습니다. 아이들은 이 책을 펼쳐 여러 가지 수학 활동을 하는 동안 자연스러운 사고 흐름에 따라 마치 게임을 하듯 공부할 수 있습니다. 높은 수준의 집중력을 발휘하지 않더라도 퀴즈를 풀고, 도형과 전개도를 오리고, 스티커를 붙이면서 수학적 개념을 이해하고 문제를 해결할 수 있도록 구성되어 있습니다.

이 책은 단원마다 짧은 이야기에서부터 시작합니다. 기발하면서도 재미난 상상이 가득한 이야기를 읽고 이야기와 긴밀하게 이어진 수학 문제를 풀어 나가면서 수학 독해력을 기르는 훈련을 할 수 있습니다. 여러 가지 이야기들을 통해 수학이 생활과 밀접하게 연관되어 있다는 것을 체득하며 수학에 호기심과 흥미가 자연스럽게 생길 수 있도록 돕습니다.

초등학교 때에는 수학을 꼭 남들보다 더 잘할 필요는 없습니다. 수학과 친해지고 수학에 대한 자신감을 가지는 것이 수학 문제를 잘 푸는 것보다 더 중요합니다. 학습 진도를 정규 과정보다 많이 앞서 나가지 않아도 됩니다. 호기심과 집중력을 가지고 공부하기만 하면 수학은 아주 재미있는 공부라는 것, 열심히 하면 나도 수학을 잘할 수 있다는 것을 느끼게 해 주면 됩니다. 수학에 흥미와 자신감이 있으면 때때로 너무 어려운 문제가 나오더라도 쉽게 포기하지 않고 문제를 스스로 해결하기 위해 부딪히고 애쓸 힘이 생깁니다.

그런 의미에서 〈수빠맨〉은 초등학생들을 위한 최고의 수학 학습서 중 하나라고 확신합니다. 아이 스스로, 또는 부모와 함께 〈수빠맨〉으로 재미있게 수학 공부를 하다 보면 저절로 수학과 친해질 것입니다.

송용진
(수학자, 인하대학교 명예 교수)

한국을 대표하는 위상수학자입니다. 서울대학교 수학과를 졸업하고 미국 오하이오주립대에서 박사학위를 받았습니다. 오랫동안 영재교육과 수학올림피아드에 대한 일을 해 왔으며 지금은 국제수학올림피아드 선출직 위원(IMO BOARD MEMBER)으로 활동하고 있습니다. 쓴 책으로 《수학은 우주로 흐른다》, 《영재의 법칙》, 《수학자가 들려주는 진짜 논리 이야기》 등이 있습니다.

72
64
0
24
18
88

수바맨 4 학습 주제

곱셈과 나눗셈 기초

묶어 세기를 하며 곱셈의 개념을 이해하고
곱셈구구로 문제를 해결해 봐요.
곱셈의 개념을 확장하면 나눗셈 기초 지식이 됩니다.
기초 연산을 하며
곱셈의 원리를 깨칠 수 있습니다.

36

56

동화 나라에 온 것을 환영해!

안녕, 친구들!

여기는 공주와 마녀, 늑대와 용이 사는 동화 나라고요.

나는 동화 속에 나오는 말하는 귀뚜라미예요.

편하게 뚜리라고 불러 주세요.

동물들의 친구이자, 동화 나라로 여행 오는 사람들의 안내자랍니다.

공주를 깨우려고 하는 왕자도, 늑대한테서 도망치는 돼지도 모두 내 조언을 들으려고 찾아온답니다. 나는 나를 찾아오는 이들에게 아주 성심껏 상담해 주지만, 내 말을 아주 잘 듣는 것 같지는 않아요.

동화 나라가 어떤 곳인지 궁금하죠?

가기 전에, 한 가지 주의할 게 있어요.

'보이는 걸 모두 믿지 말 것!'

동화는 사실 꾸며진 이야기라서 다들 비밀을 한 가지씩 숨기고 있어요.

'공주는 항상 착하기만 할까?'

'마녀와 늑대는 정말 나쁜 걸까?'

'고양이는 항상 게으를까?'

동화 나라를 여행하면서 이 놀라운 비밀들을 파헤쳐 보세요!

여기는 숫자 연못이에요.
이 연못 건너편에 동화 나라로 들어가는 문이 있어요.
이파리를 밟고 가면 되는데, 개구쟁이 개구리들이 놀다가
이파리 몇 개를 망가뜨렸나 봐요.
수의 규칙을 찾아서 숫자를 채워 넣고 숫자 연못을 건너세요.

뚜리의 곱셈구구 강의

9단 곱셈구구를 외는 게 어렵다고요?
지금부터 뚜리가 9단 곱셈구구 하는 방법을 알려 줄 거예요.
우선 두 손을 손바닥이 위로 오게 펼쳐 보세요.

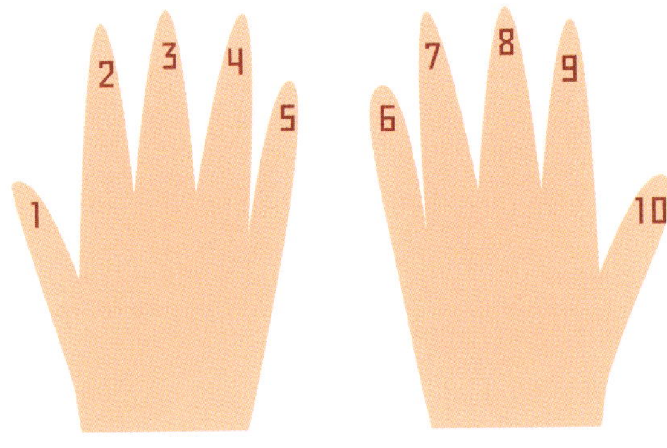

열 손가락을 모두 펴서 왼쪽부터 1에서 10까지 순서대로 숫자를 붙입니다.

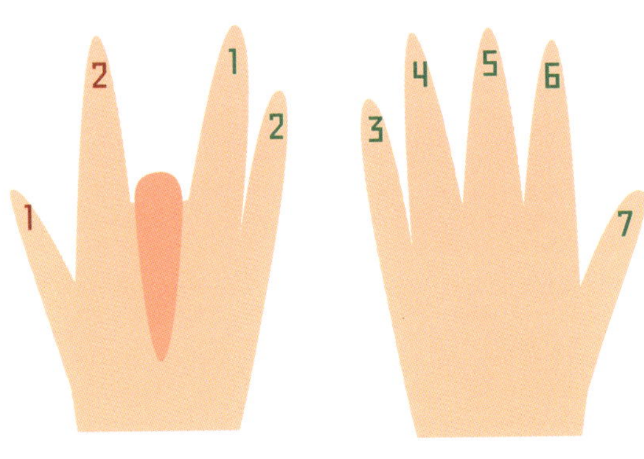

9 × 3
접힌 손가락 앞에 있는 손가락 수: 2개
접힌 손가락 뒤에 있는 손가락 수: 7개
→ 27

9×3을 알아볼까요? 3이 적힌 손가락을 접어 보세요. 이제 손가락 개수를 세어 보아요.
3 앞에 있는 손가락은 2개, 3 뒤에 있는 손가락은 7개죠?
그럼 9×3은 두 수를 붙여 쓴 27이랍니다.

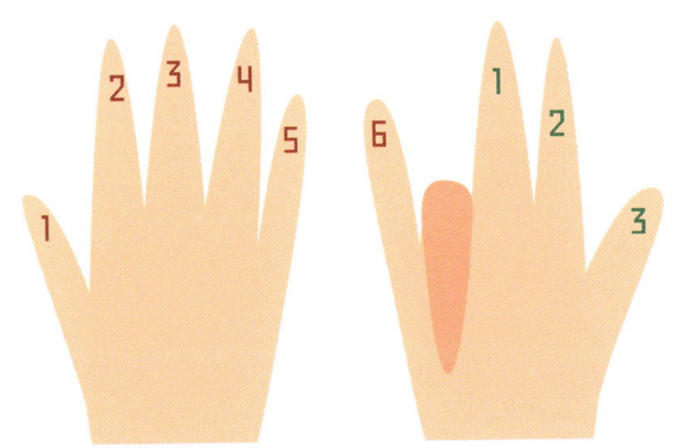

9 × 7
접힌 손가락 앞에 있는 손가락 수: 6개
접힌 손가락 뒤에 있는 손가락 수: 3개
→ 63

9×7은 혼자서 할 수 있지요?
7번째 손가락을 접고, 7 앞의 손가락 개수와 7 뒤의 손가락 개수를 세면 돼요.
그럼, 답은? 바로 63입니다. 잘했어요!

이 방법을 활용해서 9단 곱셈표를 완성한 다음 아래 퀴즈를 풀어 보세요.

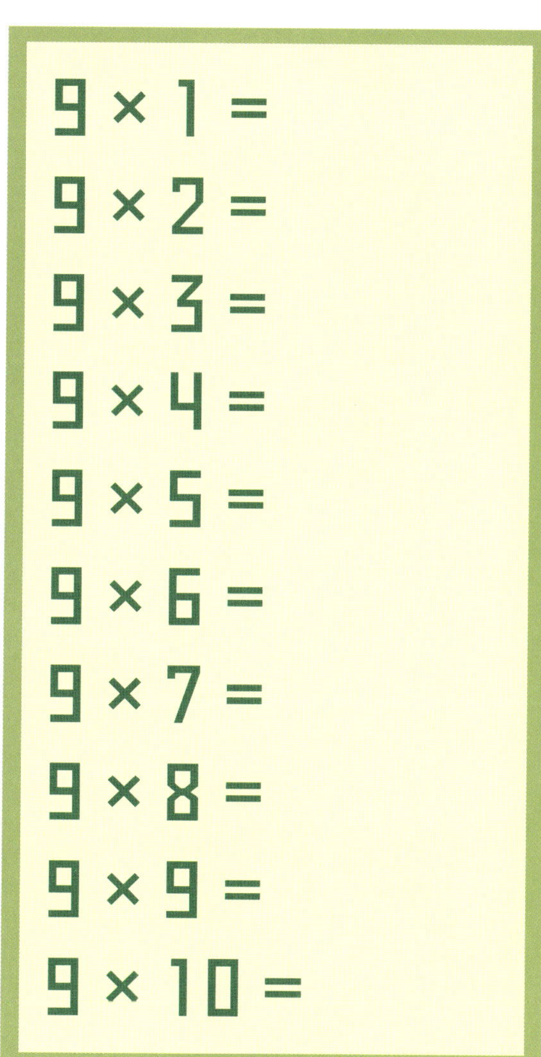

(1) 9×1부터 9×10까지 위에서 아래로 곱셈값을 읽어 보세요.
    십의 자리 숫자와 일의 자리 숫자는 각각 어떻게 달라지나요?

....

(2) 모든 곱셈값은 공통점이 하나 있어요. 무엇일까요?
    (힌트: 일의 자리 숫자와 십의 자리 숫자를 더해 보세요.)

....

곱셈구구

휴, 드디어 동화 나라에 들어왔어요!
입구 바로 앞에 아기 용들이 모여 있네요.
그런데 아기 용들이 엄마 용한테 가는 길을 못 찾고 있어요.
화살표를 따라 깃발에 수를 써넣어서 아기 용들이 길을 찾도록 도와주세요.

엄지 왕자와 엄지 공주도 우거진 수풀에서 길을 잃었어요.
엄지 왕자는 4의 곱셈구구의 곱을 따라가야 하고, 엄지 공주는 6의 곱셈구구의 곱을 따라가야 해요.
엄지 왕자와 엄지 공주가 가야 할 길을 서로 다른 색으로 칠해서 집으로 무사히 갈 수 있도록 도와주세요.
먼저 4단 곱셈표와 6단 곱셈표를 만든 뒤 풀어 보세요.

×	1	2	3	4	5	6	7	8	9	10
4	4	8								
6										

4	12	28	17	28	12	8	24
6	5	3	40	15	8	46	33	16
24	23	10	32	34	40	22	20	8
60	36	42	12	30	20	9	36	35
58	50	14	20	24	16	18	32	46
43	30	6	30	18	19	34	24	37
20	18	29	21	16	20	32	4	22
45	48	60	42	24	54	38	25	18
8	32	27	33	28	36	8	4	16
54	24	48	30	18	39	46		

엄지 공주 집

엄지 왕자 집

(1) 엄지 왕자와 엄지 공주의 두 길이 만나는 네모 칸의 수를 모두 써 보세요.

(2) 이 수의 공통점은 무엇인가요?

뚜리 퀴즈

1. 책 뒤에 '곱셈구구 링카드'라고 적혀 있는 딱지를 찾아보세요.
2. 모두 뜯어서 곱셈구구 카드를 만드세요.
3. 카드 위에 있는 점에 구멍을 뚫어 주세요. 구멍을 뚫을 때는 어른에게 부탁해요.
4. 열쇠고리에 곱셈구구 카드를 1단부터 순서대로 끼워 주면
   곱셈구구 링카드 완성!
5. 곱셈구구를 외울 때 옆에 두고 자주 연습하도록 해요.

곱셈구구 링카드를 이용해서 아래 곱셈구구 표를 완성해 보세요.

×	0	1	2	3	4	5	6	7	8	9	10
0											
1											
2											
3											
4											
5											
6											
7											
8											
9											
10											

(1) 0단 : 0에 어떤 수를 곱하면?

(2) 1단 : 1에 어떤 수를 곱하면?

(3) 10단 : 10에 어떤 수를 곱하면?

난 이제 지쳤어요!

동화 나라에서는 모두가 맡은 역할이 하나씩 있어요. 하지만 모두 자신의 역할에 만족하지는 않아요.
특히 백설 공주와 검은 늑대가 그랬답니다.
둘 다 자기 이야기에 지쳤다는 거예요.
백설 공주는 일곱 난쟁이와 함께 살잖아요.
날마다 음식을 만들고, 침대를 정리하고, 빨래를 하고, 설거지를 해야 하거든요.
그러니 집안일이 끝이 없어요.
검은 늑대는 매번 주인공들을 쫓아다녀야 하는 게 지친대요.
아기 돼지 삼 형제, 아기 염소 일곱 마리, 빨간 모자….
잡아야 하는 주인공들이 왜 이렇게나 많은지! 심지어 동화에서는 절대로 늑대가
주인공을 잡을 수 없어서 매번 닭 쫓던 개 신세가 된다지 뭐예요?

백설 공주와 검은 늑대가 힘들다고 아무리 말해도 들어주는 이가 없었어요.
그래서 고민 끝에 백설 공주와 검은 늑대는 같이 파업하기로 했어요.
동화 나라의 파업이 뭐냐면, 이야기에 등장하지 않는 거예요!
내가 말리려고 했지만, 백설 공주와 검은 늑대는 이미 파업에 들어갔답니다.

검은 늑대가 얼마나 바쁜지는 이 문제를 풀면 알게 돼요.
오늘은 누구를 쫓는지 볼까요? 계산식의 답이 24가 나오는 길을 따라가 봐요.

곱셈식을 만들어 문제를 해결해 줘!

"내가 일주일 동안 해야 할 집안일이 얼마나 되는지 아니?
이것 봐, 내가 지치는 건 전혀 이상한 일이 아니라고!
내가 계산을 잘할 수 있도록 너희가 도와줘."

(1) 하루에 일곱 난쟁이는 각자 수건을 2장씩 사용해요. 그럼, 일주일 동안
빨아야 하는 수건은 모두 몇 장일까요?

(2) 일곱 난쟁이는 샌드위치를 좋아해요. 아침에 1개,
저녁에 1개로 하루에 난쟁이 한 명당 2개씩 샌드
위치를 먹는답니다. 그렇다면 하루에 만들어야 하
는 샌드위치는 모두 몇 개일까요?

(3) 일곱 난쟁이는 매일 오후 각자 치즈 1장과 버섯 2송이씩 먹어요. 그럼, 4일 치 간식을 준비하려면 버섯을 모두 몇 송이 준비해야 할까요?

(4) 일곱 난쟁이와 백설 공주가 함께 식사할 때 자리마다 포크 1개, 칼 1개, 숟가락 1개를 놓아요. 그럼, 식탁에 놓는 포크, 칼, 숟가락을 합하면 모두 몇 개일까요?

(5) 백설 공주는 여섯 난쟁이의 턱수염을 일요일마다 손질해 줘요. 한 명당 턱수염을 깎는 데에 12분이 걸린대요. 그렇다면 백설 공주가 난쟁이 6명의 면도를 다 하려면 몇 분이 걸릴까요?

곱하고! 더하고! 빼고!

"나는 늑대가 나오는 동화마다 다 나와야 해서 너무 바빠.
오늘은 〈일곱 마리 아기 염소〉에 갔다가, 곧바로 〈빨간 망토〉에 나갔어.
이제 아기 돼지 삼 형제의 집을 날리러 가야 한대. 나를 좀 도와줘."
이런, 검은 늑대가 너무 지쳐 보여요. 각 집의 네모로 이어지는 계산식을
풀어서 빈칸을 모두 채우면, 늑대를 도와 집을 날릴 수 있어요.

백설 공주와 검은 늑대는 할 일을 뒤로하고는 해변으로 휴가를 떠났어요.
그런데 모처럼 가져간 장난감들이 큰 파도에 휩쓸려 다른 사람의 장난감과 섞여 버렸어요.
다시 파도가 치기 전에 안전한 장소로 옮길 수 있도록 도와주세요.

물건에 적힌 식을 계산했을 때 그 값이 24인 장난감에는 파란색 동그라미를 그리고,
물건에 적힌 식을 계산했을 때 그 값이 36인 장난감에는 빨간색 동그라미를 그려 주세요.

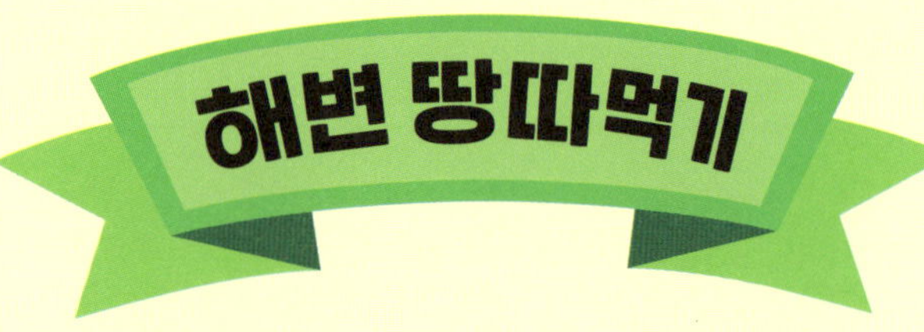

백설 공주와 검은 늑대가 해변에서 땅따먹기 게임을 하며 놀기로 했어요.
우리도 같이 땅따먹기 게임을 해 보아요.

준비물
- 12면 주사위 2개 (책 뒤의 전개도를 오려서 만들어 보세요.)
- 모눈종이판
- 서로 다른 색연필 2개

게임 방법
1. 백설 공주 팀과 검은 늑대 팀으로 나눕니다.
2. 주사위를 하나씩 던져서 더 큰 숫자가 나오는 팀이 먼저 시작합니다.
3. 주사위 두 개를 던져서 나온 두 수의 곱만큼의 크기로 사각형을 만들어 색칠해요.
   - 예를 들어 2와 3이 나오면 2×3 크기의 사각형(가로 2칸, 세로 3칸 또는
     가로 3칸, 세로 2칸인 사각형)을 색칠합니다.

   - 귀뚜라미 그림이 나오면, 주사위를 굴리지 않고 참가자가 직접 주사위에 있는 숫
     자 가운데 하나를 고를 수 있어요!
   - 0이 나오면 꽝이에요. 어떤 칸도 색칠하지 못하고 차례가 끝나요.
4. 번갈아 가며 주사위를 굴려 땅을 차지하세요.
5. 더 이상 땅을 넓힐 수 없게 되면, 게임이 끝나요. 전체 칸수를 세어서 더 많은 땅을
   차지한 팀이 이겨요.

동화 나라에 사는 마녀, 마법사, 요정들은 마법 약을 만들고 주문을 외워요. 마법이 없다면 신데렐라의 유리 구두도, 라푼젤의 머리카락도, 백설 공주와 잠자는 숲속의 미녀가 다시 깨어나는 기적도 없을 거예요.

마법을 부리려면 오랫동안 연습해서 완벽한 주문을 말할 수 있어야 해요. 그래서 제대로 연습하지 않은 마녀들은 종종 실수할 때도 있지요. 잠자는 숲속의 미녀 대신 신데렐라를 잠들게 한다던가, 백설 공주의 신발을 유리로 만든다던가, 라푼젤의 머리카락을 모두 흰머리로 바꾼다든가 하는 것들 말이에요!

최근에 견습 마녀 한 명이 실수를 유난히 많이 한다고 해요. 마법 주문을 너무 못 외워서, 모든 걸 뒤섞고 뒤바꿔 놓는다지 뭐예요. 그래서 동료 마녀들이 그 마녀를 덜렁이 마녀라고 부른답니다. 하하하!

바로 어제도 덜렁이 마녀가 실수를 저질렀어요. 왕자를 개구리로 바꾸는 물약을 만들어야 하는데, 왕자가 처음 보는 사람과 사랑에 빠지게 하는 물약을 만들었대요. 그런데 왕자가 물약을 마시고 처음 본 사람이 누군지 알아요? 바로 덜렁이 마녀였지요!

여러분은 멋진 왕자님이 시종일관 마녀를 따라다니는 걸 보게 되면 그게 바로 덜렁이 마녀라는 걸 알 거예요. 왕자님은 덜렁이 마녀에게 꽃다발을 선물하고, 무도회에 가자고 해요. 공주님들을 쳐다보지도 않는답니다. 공주님들은 지금 왕자님이 왜 저렇게 이상하게 변한 건지 궁금해하고 있어요.

동화 나라에 더 이상 이런 혼란은 없어야 해요! 우리 같이 덜렁이 마녀의 마법 연습을 도와서, 다시는 이런 실수를 하지 않도록 도와주세요.

덜렁이 마녀가 마법 물약 재료를 정확하게 반으로 나눠서 솥에
넣어야 해요. 몇 개씩 넣어야 하는지 계산하고 그려 주세요.

12÷2=

18÷2=

24÷2=

뚜리의 나눗셈 강의

뚜리가 요술 콩을 덜렁이 마녀한테 나눠 줬어요.
덜렁이 마녀가 요술 콩으로 수프를 만들 준비를 하는 동안
같이 콩을 일정하게 나누어 봐요.
지금부터 뚜리가 나눗셈에 대해 알려 줄게요.

12÷3

콩 12개를 1줄에 3개씩 놓아 봐요. 모두 몇 줄이
만들어지나요? 나머지 없이 4줄이 만들어졌지요!
이걸 이렇게 약속해요.

> 12를 3으로 나누면 4가 됩니다.
>
> ## 12÷3=4
>
> · 이와 같은 식을 나눗셈식이라고 해요.
> · 12 나누기 3은 4와 같습니다 하고 읽어요.
> · 12 → 나누어지는 수
>   3 → 나누는 수
>   4 → 몫

11÷4

콩 11개를 1줄에 4개씩 놓아 봐요. 4개씩 몇 줄을 만들 수
있을까요? 4개씩 2줄을 만들 수 있고, 남은 콩은 3개입니다.

> 11을 4로 나누면 몫이 2이고 3이 남습니다.
> 이때 3을 11÷4의 나머지라고 합니다.
>
> $$11÷4=2\cdots3$$
>   ↑   ↑
>   몫 나머지

이제 콩을 세서 나눗셈식에 알맞게 몫과 나머지를 구하면 됩니다.

몫 ____, 나머지 ______

몫 ____, 나머지 ______

몫 ____, 나머지 ______

몫 ____, 나머지 ______

몫 ____, 나머지 ______

몫 ____, 나머지 ______

혼자서 할 수 있어!

뚜리가 요술 콩을 만드는 방법을 알려 줬어요.
우선 종이를 여러 조각으로 찢어요. 그리고 찢는 조각을 뭉쳐서 동그랗게
만들어요. 이 종이 콩으로 아래 계산식을 풀면,
마법의 힘으로 요술 콩이 될 거예요.

(1) **30÷4**

종이 콩 30개를 한 줄에 4개씩 놓아 보세요.

4개씩 놓인 줄은 몇 줄인가요? _______________

남은 종이 콩은 몇 개인가요? _______________

(2) **29÷4**

종이 콩 29개를 한 줄에 4개씩 놓아 보세요.

4개씩 놓인 줄은 몇 줄인가요? _______________

남은 종이 콩은 몇 개인가요? _______________

(3) **53÷5**

종이 콩 53개를 한 줄에 5개씩 놓아 보세요.

5개씩 놓인 줄은 몇 줄인가요? _______________

남은 종이 콩은 몇 개인가요? _______________

(4) **63÷7**

종이 콩 63개를 한 줄에 7개씩 놓아 보세요.

7개씩 놓인 줄은 몇 줄인가요? _______________

남은 종이 콩은 몇 개인가요? _______________

<깔깔웃음약 제조법>

깔깔웃음약 한 병은 가시나무 열매 3개와 도토리 2개를
섞어 만듭니다.

가시나무 열매 3개　　　　　　　　**도토리 2개**

(1) 가시나무 열매 20개와 도토리 14개로 만들 수
　　있는 깔깔웃음약은 모두 몇 병인가요?

(2) (1)에서 만든 깔깔웃음약을 담기 위해서는
　　병과 마개가 필요합니다.
　　병은 8원, 마개는 4원이라면 깔깔웃음약을
　　모두 담기 위해 필요한 돈은 얼마인가요?

빠진 숫자를 찾아봐!

덜렁이 마녀가 또 마법 실수를 하는 바람에 뒤죽박죽이 되어 버렸어요. 마법 주문이 적힌 책과 재료들의 이름표가 모두 빠져 버렸답니다. 마녀가 필요한 주문과 재료를 제대로 찾을 수 있게 책 제목과 이름표에 빠진 숫자를 채워 주세요.

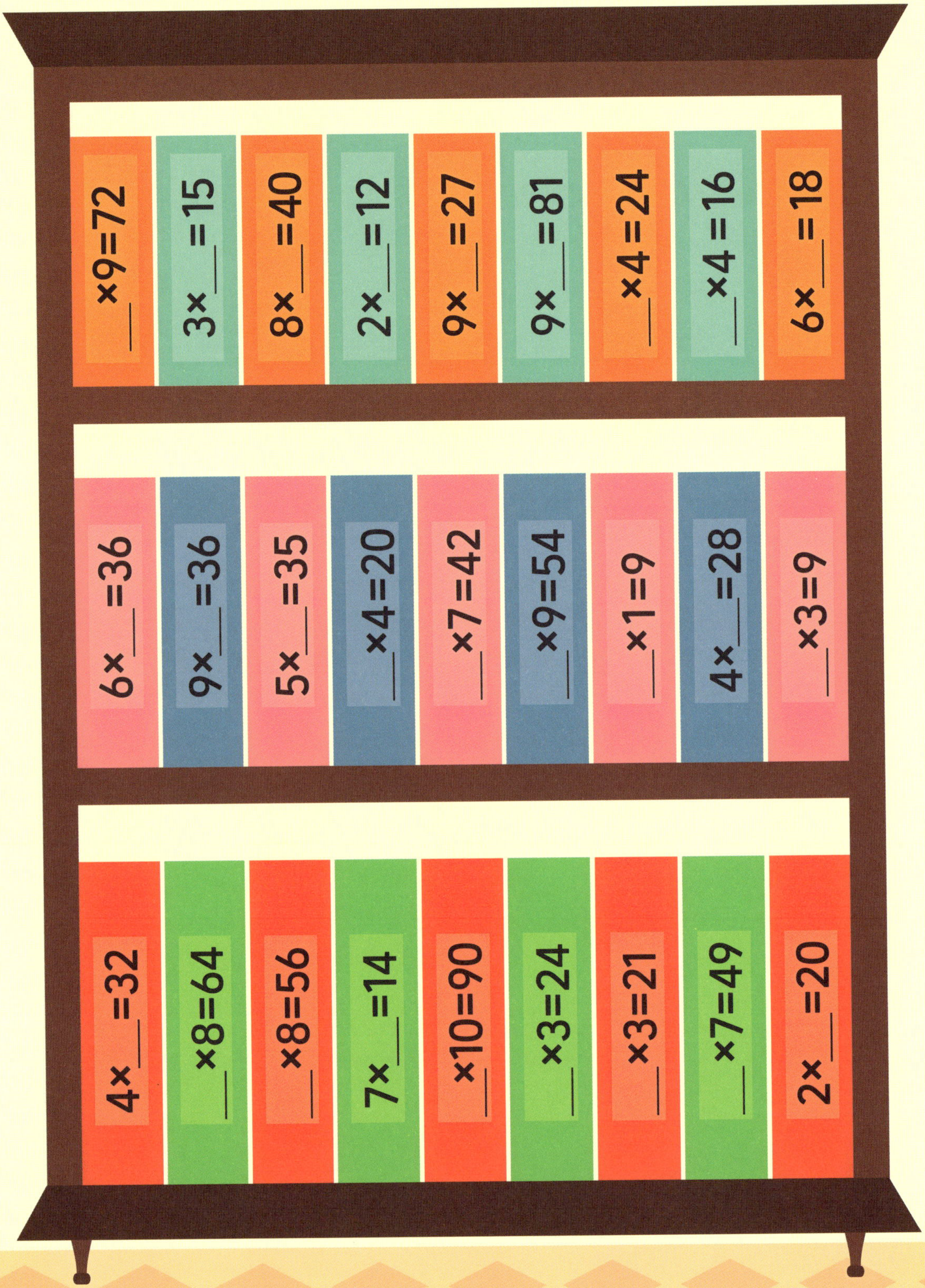

8÷2=__

15÷5=__

35÷__=7

18÷__=9

64÷8=__

28÷4=__

30÷__=3

27÷9=__

72÷8=__

32÷8=__

36÷4=__

__÷4=6

42÷__=7

신기한 마법 장치

이 마법 장치에 재료를 넣으면 재료의 값을 바꿔 준대요.
각각의 재료를 넣었을 때 재룻값이 어떻게 바뀌는지 알아보세요.
그리고 바뀐 재룻값을 모두 더해 물약을 만들어 보세요.

역시 여러분은 마법에 재능이 있는 게 분명해요. 여기 다른 물약도 같이 만들어 보세요.
모든 재료의 바뀐 값을 알아내고, 이를 모두 더해서 물약을 만들어 보세요.

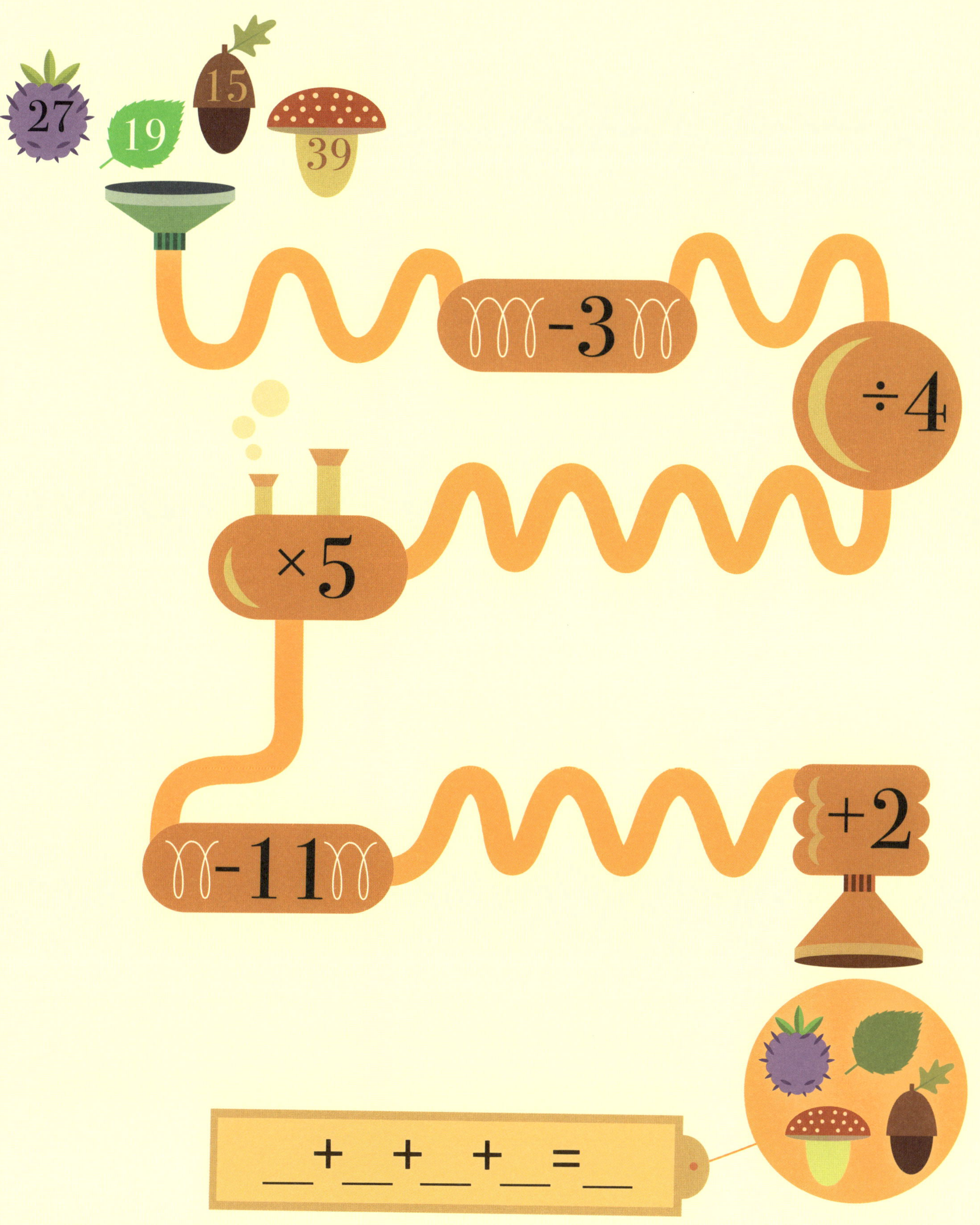

잠드는 마법의 부작용

동화 나라에 사는 사람들은 날마다 똑같은 일을 반복합니다. 신데렐라는 운이 좋은 편이라 무도회장에서 매일 즐겁게 춤을 춘대요. 하지만 검은 늑대는 매일 주인공을 쫓아 뛰고, 입으로 바람을 불어 돼지 형제의 집을 날리느라 항상 지치고 숨차지고 있어요. 이게 바로 동화의 부작용이랍니다.

여기 부작용으로 고생하는 주인공이 또 있어요. 바로 잠자는 숲속의 공주랍니다. 잠자는 숲속의 공주는 동화에서 내내 자는 바람에, 자면 안 되는 때에도 잠들어 버리곤 해요. 사실 자는 게 큰 문제가 아니지만 진짜 문제는 잠이 든 뒤에 생기곤 하지요.

백설 공주가 해변으로 놀러 갔던 것 기억하지요? 그때 잠자는 숲속의 공주가 일곱 난쟁이의 빨래를 도와주려고 했어요. 하지만 물을 틀어 놓고 그대로 잠들어 버렸고, 결국 일곱 난쟁이 집은 물바다가 되고 말았지요. 또 덜렁이 마녀에게 줄 케이크를 굽는 왕자님을 돕다가도 깜빡 잠이 들어 난로와 부엌을 다 태워 버렸다지 뭐예요.

게다가 딸기를 따러 숲으로 갔다가 숲에서 잠든 바람에 끔찍한 감기에 걸리고 말았어요. 덕분에 일주일 내내 침대 신세를 지고 말았지요. 다행히 감기에 걸린 날에는 침대에만 있어서 갑자기 잠이 들어도 아무런 일이 없었다고 해요.

잠자는 숲속의 공주가 잠든 사이에 수학책이 엉망이 되어 버렸어요.
공주가 펜을 손에 쥐고 잠든 바람에 잉크가 책에 번져 버렸거든요.
아래 곱셈식을 계산해서, 잉크 때문에 지워진 수를 써넣어 주세요.

공주를 도와줘!

잠자는 숲속의 공주가 아직 자고 있네요.
늦게까지 여러 모양에 숨어 있는 수를 찾고 있었나 봐요. 우리가 나서야겠어요.
식을 잘 보고 각 모양이 나타내는 수를 찾아 주세요.

$$★ × 3 = 9$$
$$☾ + ★ + ♥ = 9$$
$$✿ × 2 + ★ = 13$$
$$✿ - ★ = ♥$$

★ = …
☾ = …
♥ = …
✿ = …

$$☁ + \text{🪄} + \text{🪄} = 16$$
이것부터 구해 봐!
$$☁ + ☁ + ☁ = 30$$
$$☁ × \text{🪄} + 🍃 = 34$$
$$🐱 ÷ 🍃 = 2$$

☁ = …
🪄 = …
🍃 = …
🐱 = …

저울로 물건의 무게를 재 봐요. 저울을 사용하는 방법부터 배워야겠지요?
아래로 내려가는 물건이 더 무거운 물건이에요.
동화 나라의 물건들은 여러분이 사는 세계의 물건들과는 무게가 다르다는 걸 명심해요!
책 뒤에 있는 활동지를 오려서 가벼운 것부터 차례대로 붙여 주세요.

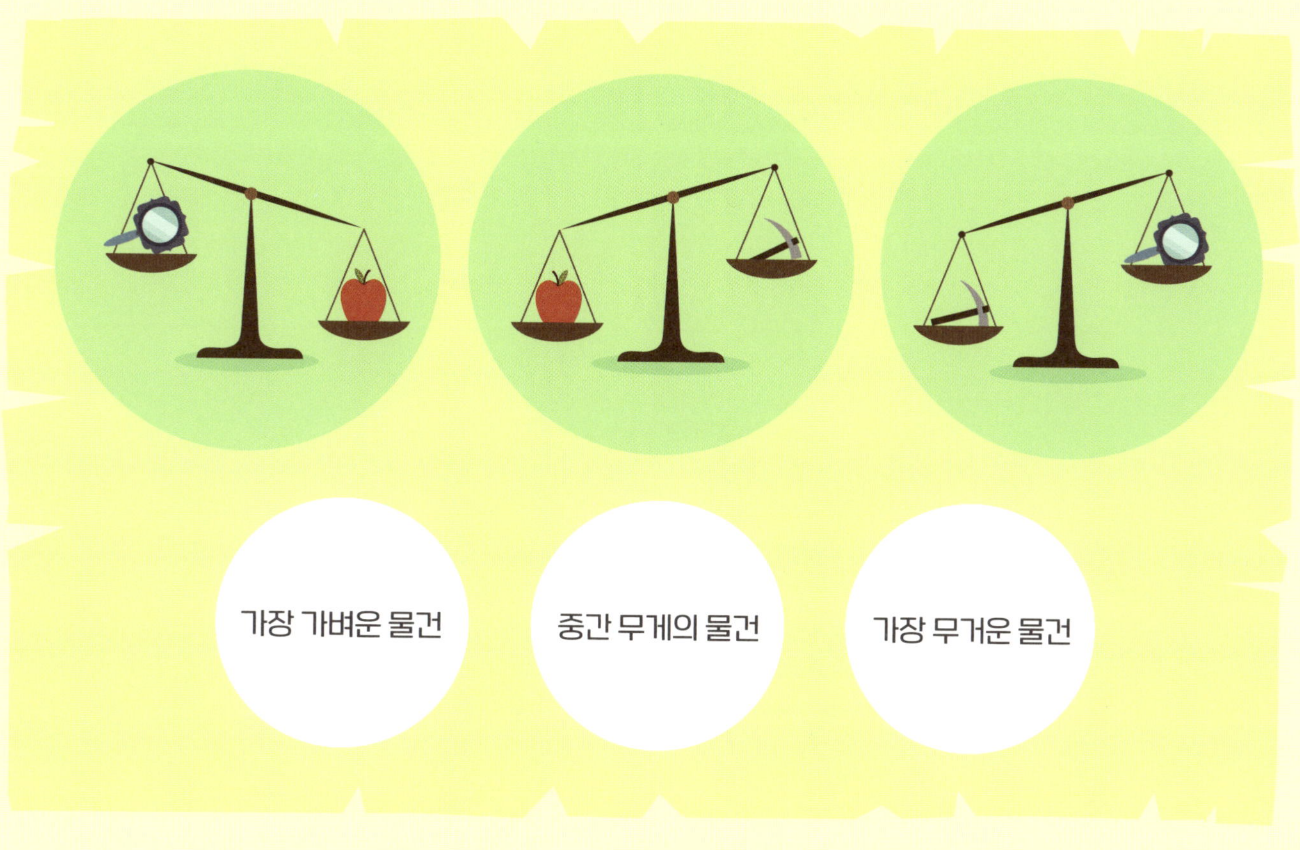

뚜리의 곱셈 강의

뚜리가 잠자는 숲속의 공주님한테 곱셈을 가르쳐야 하는데
아직까지 잠에 빠져 있어요. 뚜리한테 두 자릿수와 한 자릿수의
곱셈을 배워서, 잠자는 숲속의 공주님한테 가르쳐 주세요.
14×3을 계산할 때 14단을 외우지 않고 쉽게 계산하는 방법이 있을까요?
14를 더 작은 수로 가르기 하여 계산하면 됩니다.

다음 그림을 보세요. 막대 1개는 10과 같고, 콩알 1개는 1과 같아요.

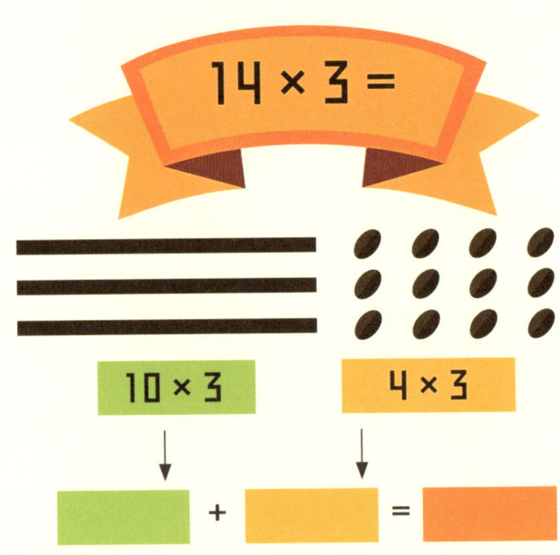

① 14를 10과 4로 가르기 합니다.
② 10과 4에 각각 3을 곱합니다.
③ 그 결과값 두 개를 더합니다.
결국 14×3은 10×3과 4×3의 합과
같다고 할 수 있습니다.

같은 방법으로 16×4를 계산해 보세요.

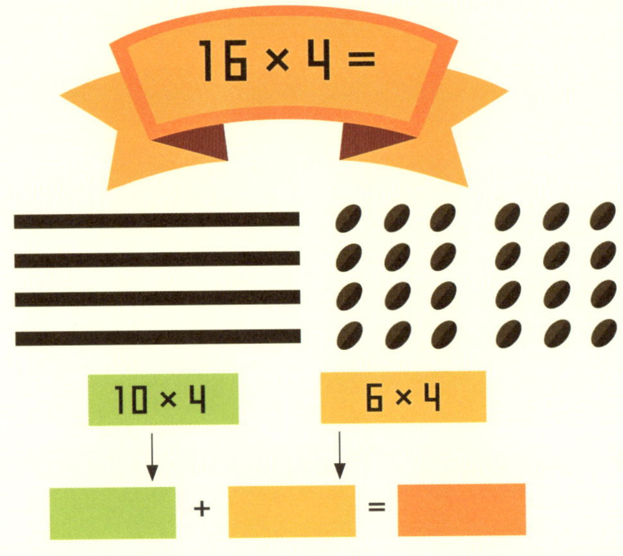

이제 혼자 할 수 있겠지요? 콩알과 막대만 있으면 돼요.
곱셈 문제에 알맞게 막대와 콩을 더 그려서, 각 곱셈 문제의 계산식을 완성해 보세요.

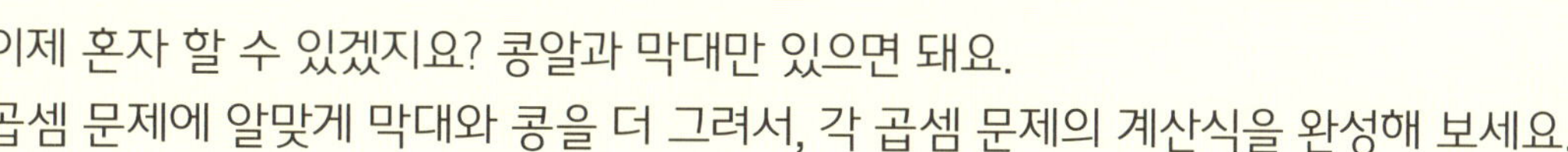

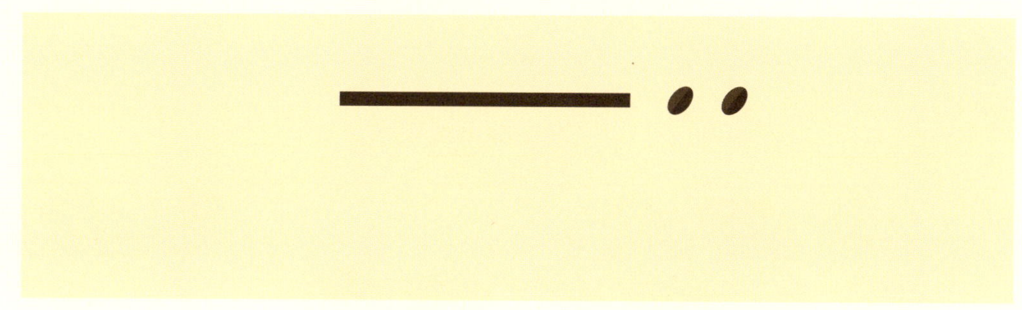

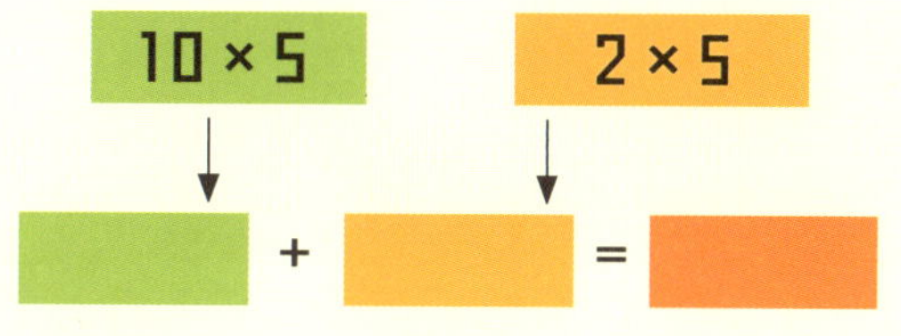

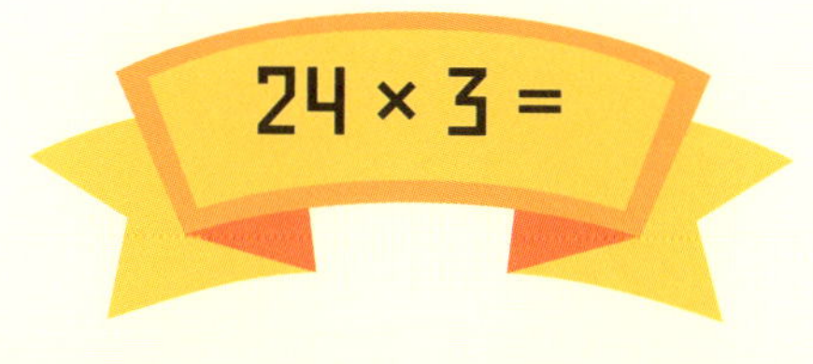

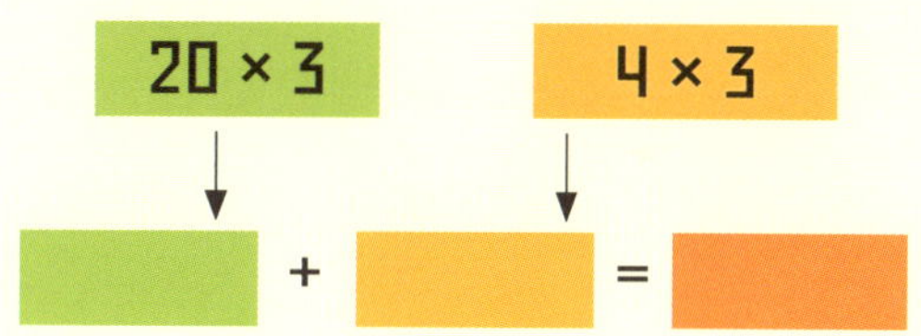

규칙에 맞게 채워요!

잠자는 숲속의 공주가 백설 공주의 생일 파티에 가져갈 컵케이크를 상자에 넣다가
잠들어 버렸어요. 초콜릿 케이크와 딸기 케이크를 번갈아 가며 상자에 담아야 해요.
그림을 보고 퀴즈를 풀어 보세요! 상자에 케이크를 그리면 도움이 될 거예요.

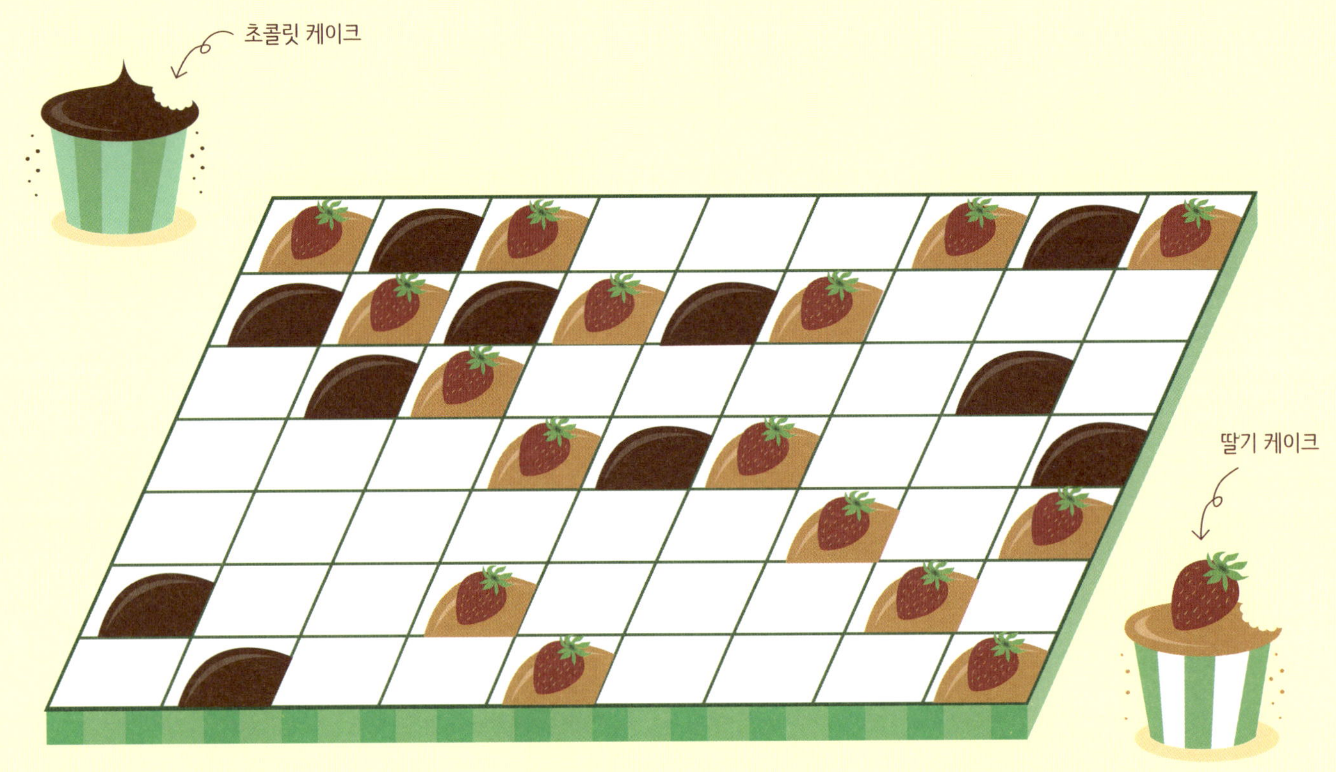

(1) 지금 상자 안에는 케이크가 몇 개 있나요? ________ 개

(2) 상자를 다 채우면 케이크는 모두 몇 개가 될까요? ________ 개

(3) 상자를 다 채우기 위해 더 필요한 딸기 케이크는 몇 개일까요? ________ 개

(4) 상자를 다 채우기 위해 더 필요한 초콜릿 케이크는 몇 개일까요? ________ 개

(5) 딸기 케이크는 2원, 초콜릿 케이크는 3원입니다.
상자를 가득 채웠을 때 케이크의 가격은 모두 얼마일까요? ________ 원

자명종을 울려요!

이제 잠자는 숲속의 공주를 깨워 봐요. 잠자는 숲속의 공주를 깨우려면 이 자명종들을 모두
한 번에 울리도록 해야 해요. 시계 그림에 있는 각 계산식의 결과가 시계 가운데에 있는 수와
같게 해서 자명종을 울려 보세요.

대부분의 고양이는 하루 종일 빈둥거리며 나른하게 지내지요.
하지만 동화 나라의 장화 신은 고양이는 아침부터 기지개를 켤 틈도 없이 바쁘답니다.
장화 신은 고양이는 주인을 돕느라 하루 종일 종종거리며 돌아다녀요.
주인은 끊임없이 장화 신은 고양이에게 일을 시키고, 온종일 돌아다니느라
장화 신은 고양이의 발은 항상 퉁퉁 부어 있어요.

장화 신은 고양이는 하루 일이 끝나고 장화를 벗을 때가 가장 행복하대요.
뜨거운 물에 아픈 발을 잠시 담그고 난 뒤, 보드라운 슬리퍼로 갈아 신으면 그렇게 기분이 좋답니다.
장화 신은 고양이가 슬리퍼를 신고 일하고 싶다고 말했지만, 동화 나라는 허락하지 않았어요. 장화 신은 고양이가 장화를 신지 않고 동화에 출연할 수는 없으니까요! 그래서 장화 신은 고양이가 집 밖으로 나올 때면 폭신한 슬리퍼를 벗고 딱딱한 장화를 신어야 해요.

장화 신은 고양이가 집에서 쉬면서 숫자 퀴즈 놀이를 하고 있네요.
여러분이 장화 신은 고양이가 생각한 숫자를 맞혀 보세요.
고양이가 즐거워할 거예요.

(1) 내가 생각한 수를 알아맞혀 봐!
　　내가 생각한 수에 1을 더하면 13이 돼.

____

(2) 내가 생각한 수를 알아맞혀 봐!
　　내가 생각한 수에 4를 곱하면 24가 돼.

____

(3) 내가 생각한 수를 알아맞혀 봐!
　　내가 생각한 수에 3을 곱하고 4를
　　더하면 19가 돼.

____

뚜리의 쉬운 계산법 강의!

복잡한 계산은 이렇게 할 수 있어요. 보기를 보고 빈칸을 채워 보세요.

9를 더할 때는 10을 더한 후에 1을 뺍니다.

$7+9=$

9를 뺄 때는 먼저 10을 빼고 1을 더합니다.

$15-9=$

4를 곱할 때는 2를 곱한 뒤, 다시 2를 곱합니다.

$12×4=$

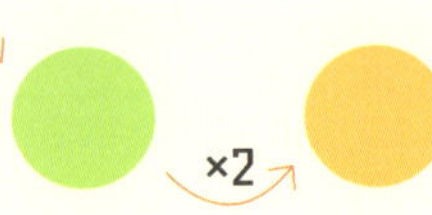

4를 나눌 때는 2로 나눈 뒤, 다시 2로 나눕니다.

$24÷4=$

6을 곱할 때는 3을 곱한 뒤, 2를 곱합니다.
(2를 먼저 곱한 뒤, 3을 곱해도 됩니다.)

$9×6=$

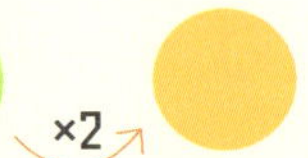

6으로 나눌 때는 2로 나눈 뒤, 3으로 나눕니다.
(3으로 나눈 뒤, 2로 나눠도 됩니다.)

$66÷6=$

내가 알려 준 방법을 사용해서 복잡한 계산을 얼마나 빠르게
풀 수 있는지 확인해 보세요.

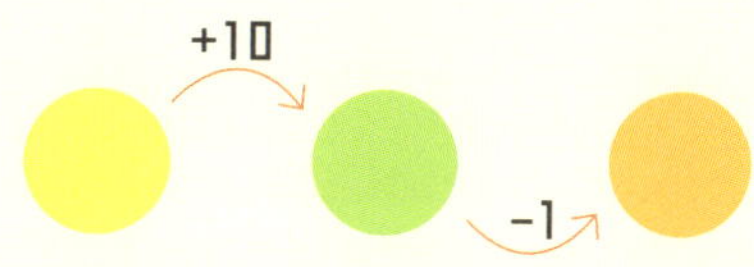

38+9=
+10
−1

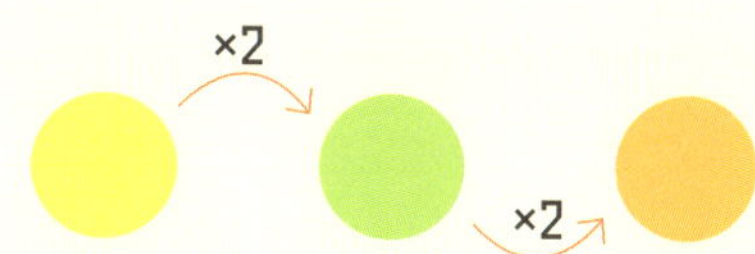

23−9=
−10
+1

14×4=
×2
×2

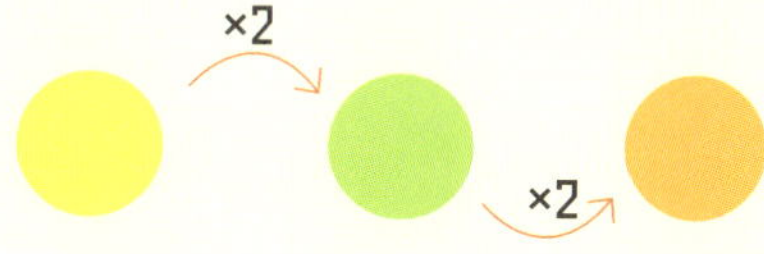

12×6=
×3
×2

24×4=
×2
×2

54÷6=
÷2
÷3

48÷4=
÷2
÷2

64÷4=
÷2
÷2

닮은 도형을 그려 줘!

장화 신은 고양이의 장화에는 마법의 힘이 있답니다. 이 장화의 마법으로 가야 할 거리를 조정할 수 있어요. 같이 가는 사람이 길을 재촉하면 가야 할 거리를 짧게 할 수 있고, 여유로운 여행을 하고 싶어 하면 거리를 멀게 할 수도 있지요.
우리도 한번 따라 해 볼까요? 우리가 길이를 줄일 수는 없지만, 사물의 크기를 조절할 수는 있어요. 모눈종이로 쉽게 크기를 늘렸다 줄였다 해 보아요. 아래 그림에서 가로와 세로의 모눈 칸수를 세고 주어진 지시대로 옆에 닮은 모양을 그려 보세요.

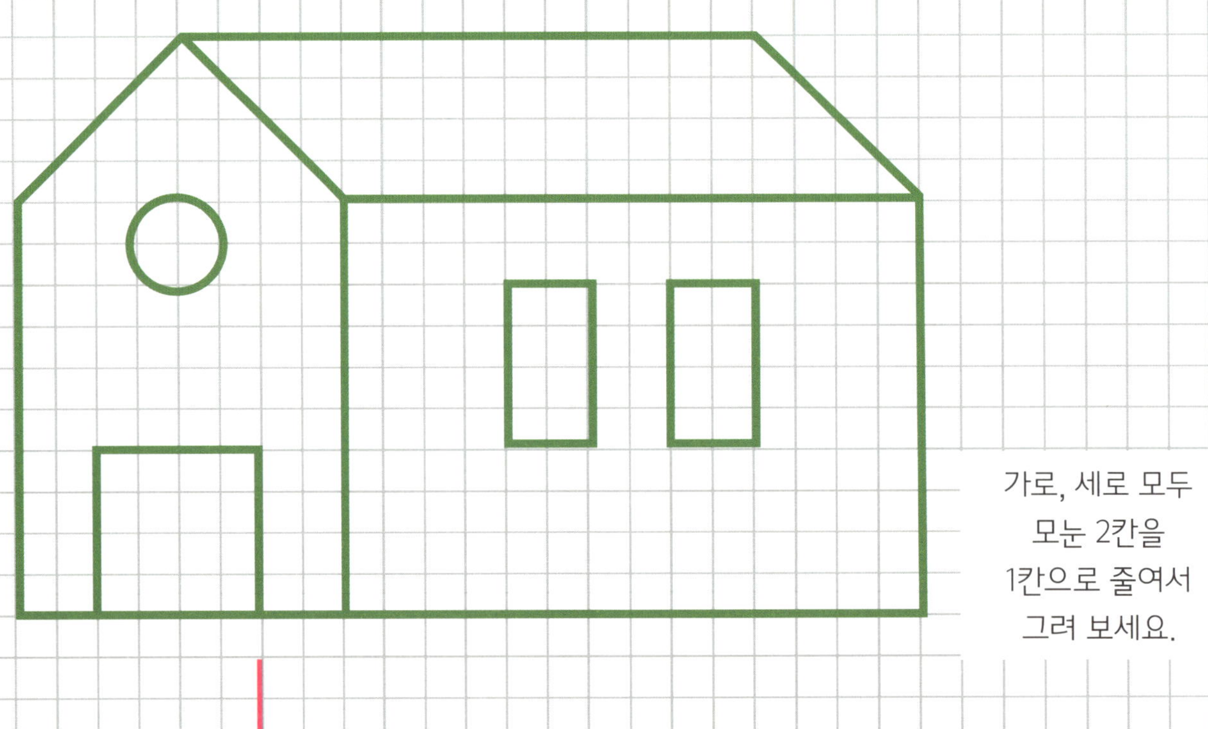

가로, 세로 모두
모눈 2칸을
1칸으로 줄여서
그려 보세요.

가로, 세로 모두
모눈 1칸을 2칸으로
늘여서 그려 보세요.

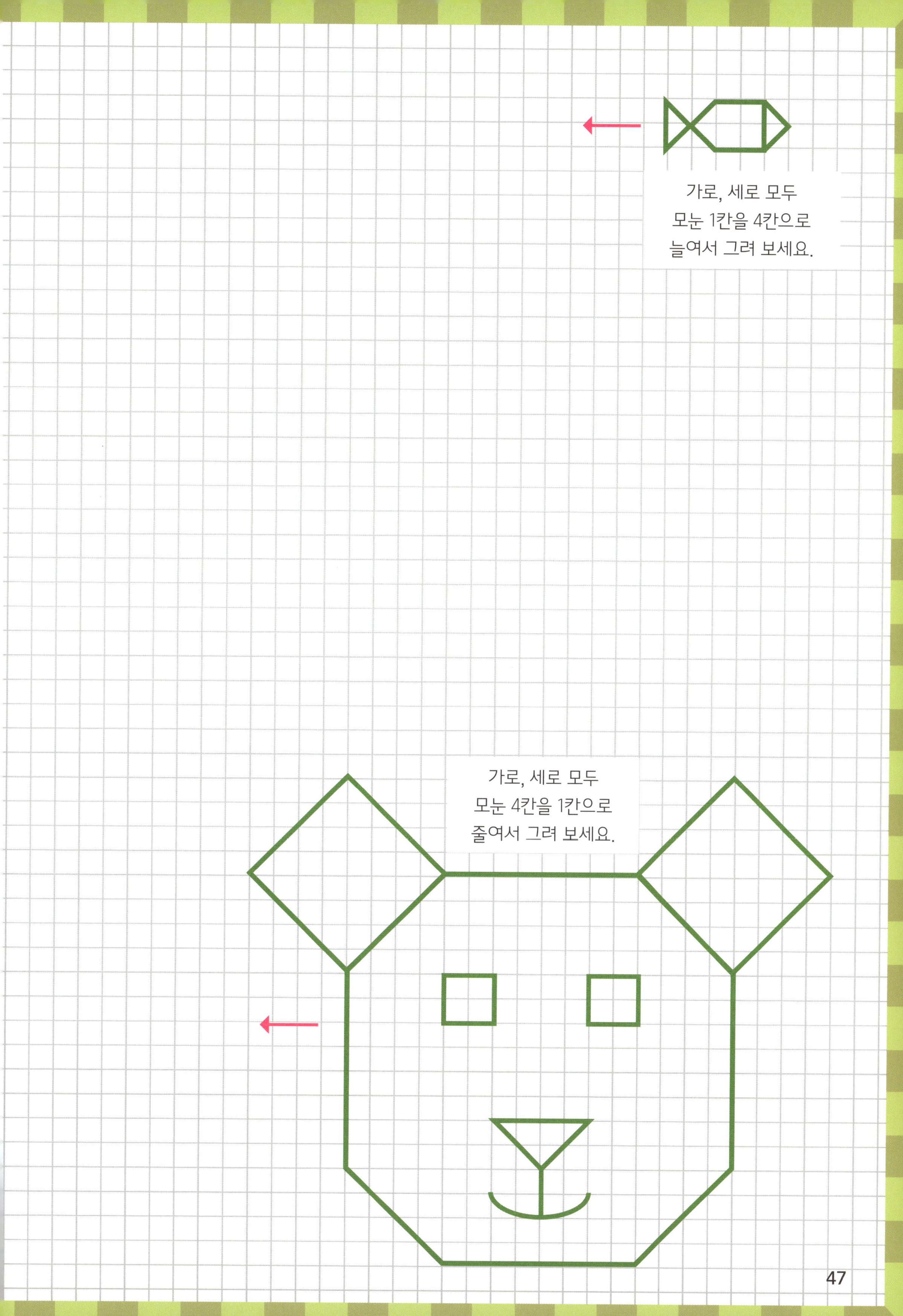
가로, 세로 모두
모눈 1칸을 4칸으로
늘여서 그려 보세요.

가로, 세로 모두
모눈 4칸을 1칸으로
줄여서 그려 보세요.

가격표를 붙여 줘!

장화 신은 고양이의 아픈 발을 풀어 주기 위해 새 슬리퍼를 골라야 합니다. 동화 나라 가게의 사장 지니는 가격표를 재미있게 붙이는 걸로 유명하대요. 가격표에 수수께끼를 적어 가격을 맞히도록 하는 거예요! 지니가 적어 둔 수수께끼를 풀고 책 뒤에 있는 가격표를 오려서 신발 옆에 알맞게 붙여 주세요.

(1) 가장 비싼 슬리퍼는 솜뭉치 장식이 없습니다! 파란 슬리퍼는 초록 슬리퍼보다 8원 쌉니다.

(2) 장화 신은 고양이는 매일 짓무른 발에 새 반창고를 붙여야 합니다.
반창고를 붙여야 하는 발톱은 4개입니다. 일주일 동안 쓸 반창고를 사려면 어느 상자를 사야 할지 계산하고 상자에 ○ 표시하세요.

(3) 지니 사장이 또 수수께끼 가격표를 만들었네요.
    베개에서 가격표로 이어진 수를 모두 더하면 베개의 가격이 됩니다.
    책 뒤에 있는 알맞는 가격표를 붙여 주세요.

8

6

13

8

7

4

5

10

9

12

12

7

장화 신은 고양이는 솜뭉치 달린 슬리퍼와 일주일 동안 쓸 반창고,
빨간색 베개를 샀어요.

(1) 장화 신은 고양이가 쓴 돈은 모두 얼마인가요?   _______ 원

(2) 장화 신은 고양이는 150원을 가지고 있었어요.
    남은 돈은 얼마인가요?   _______ 원

우정은 영원히!

동화 나라에서의 여행이 막바지에 이르렀네요!
여행하면서 봤듯이 동화 나라라고 해서 마냥 즐거운 일들만 있는 건 아니에요.
하지만 동화 나라에 등장하는 인물들은 모두 친구랍니다. 동화 속의 가장 착한
공주와 가장 못된 마녀까지도 말이에요!

동화 나라는 우정을 다지기 위한 축제를 매년 열어요. 일주일 동안 열리는 우정
기념 축제에서 검은 늑대와 아기 돼지 삼 형제는 함께 곡을 연주하고, 주민들은
밤새 춤을 추지요. 카드 게임이나 겨루기 대회에 참가하는 주민들도 있고, 벽난
로 옆의 부드러운 의자에서 낮잠을 자는 주민들도 있어요.
또 우정 기념 축제에서는 최고로 맛있는 음식을 맛볼 수 있어요. 그렇지만, 빨간
사과는 절대로 먹어서는 안 돼요! 이것만 빼고는 모든 것이 완벽한 축제랍니다.

여행을 끝내는 기념으로, 여러분도 우정 기념 축제에 참여하는 건 어때요? 하지
만 마지막까지 긴장을 놓지 마세요! 동화 나라에서는 언제 어떤 일이 일어나더라
도 전혀 이상할 게 없다는 사실을 꼭 기억해야 합니다.

우정 기념 축제에 온 모든 참가자는 트로피를 받을 수 있어요.
시상식을 위한 트로피를 만들어 주세요.
각 트로피에서 빠진 숫자를 채워 넣으면 돼요.
나란히 있는 두 수를 곱한 값을 그 사이의 아래 칸에 써넣으세요.

2 1 1 3
1
최우수 잠꾸러기 상

1 2
4
16
가장 창의적인 물약 상

2 3
2
4
가장 화려한 신발 상

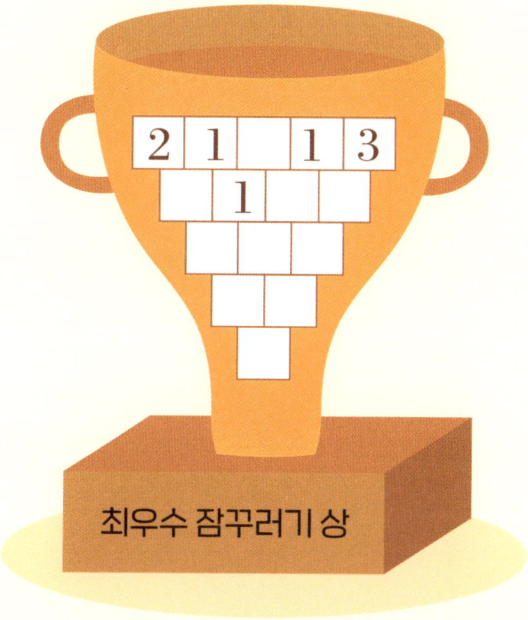

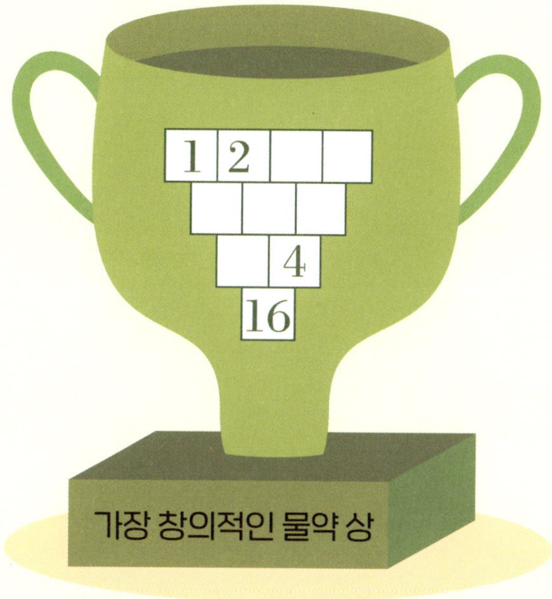

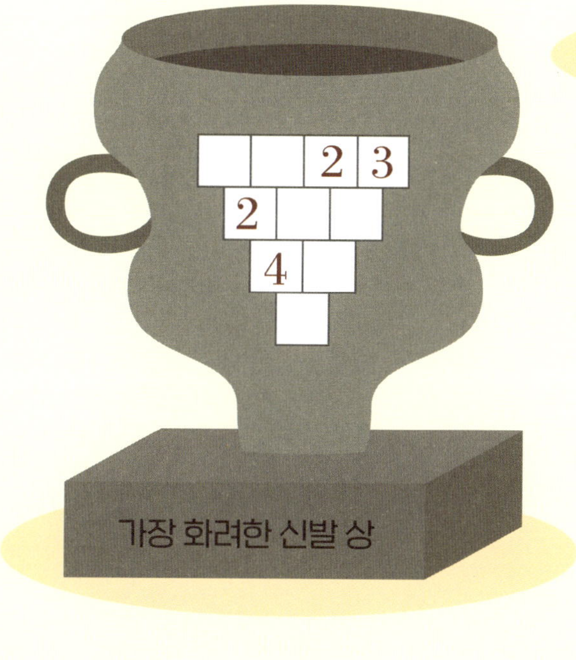

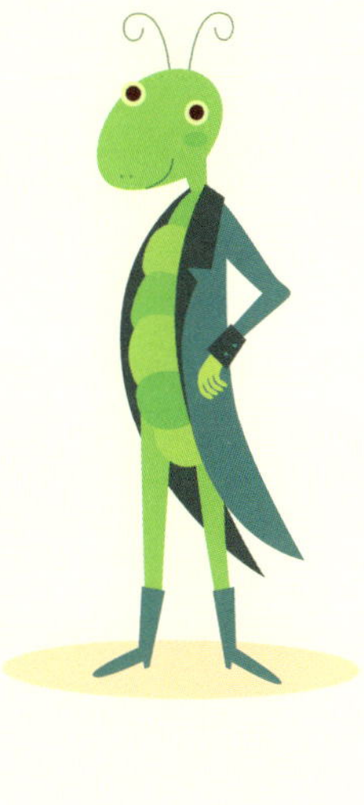

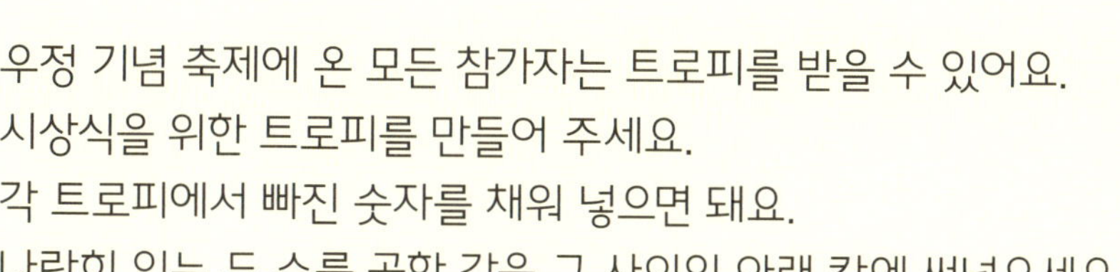

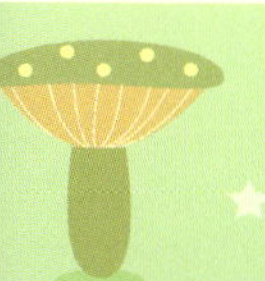

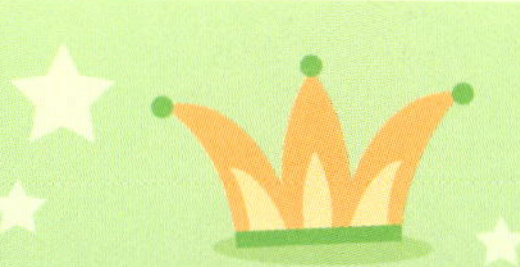

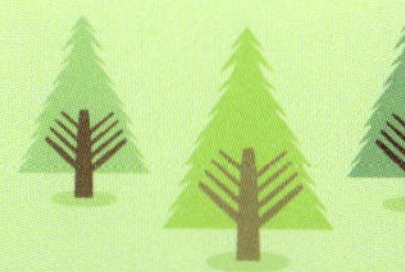

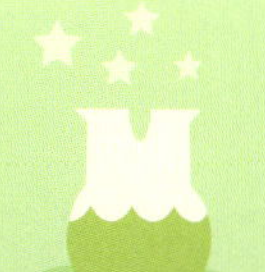

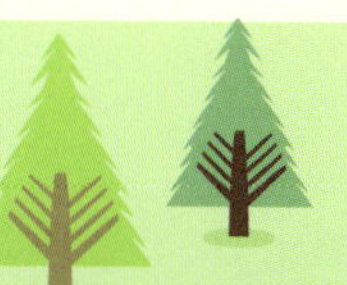

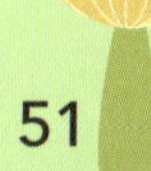

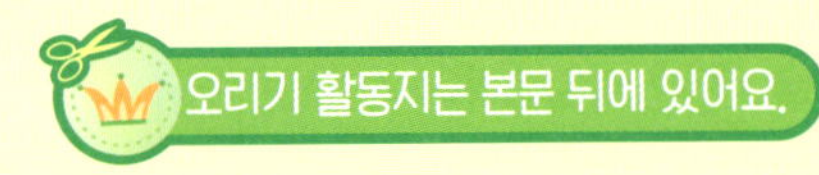

알맞은 메달을 찾아 줘!

아기 돼지와 검은 늑대가 양궁 대결을 하고 있어요. 누가 이겼을까요?
문장을 식으로 만들고, 답을 구해 보세요.
그리고 모든 답을 더하면 누가 더 높은 점수를 받았는지 알 수 있어요.
점수에 맞게 책 뒤에 있는 메달을 오려서 붙여 주세요.

7에 4를 곱하고
5를 빼세요.

____

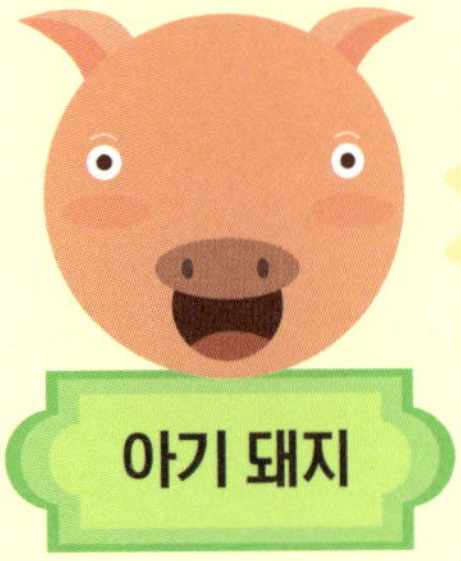

10에 3을 곱하고
4를 빼세요.

____

12에 2를 곱하고,
2에 3을 곱해서 나온 두 값을 더하세요.

____

8과 8의 곱에서
4와 6의 곱을 빼세요.

____

26을 반으로 나누고 8을 더하세요.

____

6과 4의 곱을 2로 나누세요.

____

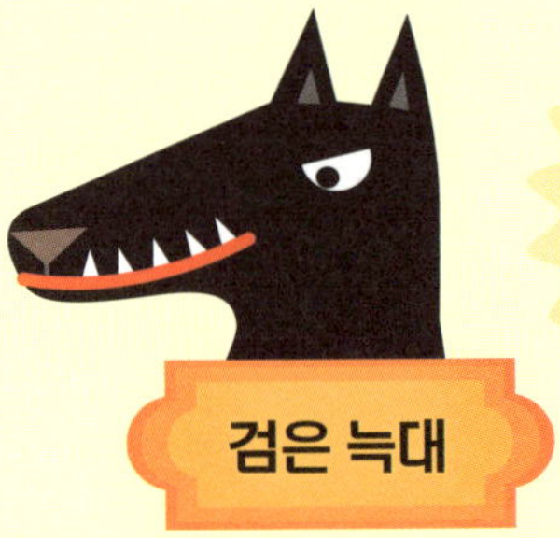

아기 돼지

검은 늑대

빨간 망토와 그레텔, 엄지 공주가 수학 대결을 하고 있어요.
누가 몇 개의 정답을 맞혔는지 세어 보고 책 뒤에 있는 메달을 붙여 주세요.

(1) 100보다 작은 수 중에서 숫자 2가 들어 있는 수는 몇 개인가요?

(2) 신데렐라는 새언니 2명을 모두 저녁 식사에 초대했어요. 그리고 두 새언니는 각각 친구 2명과 같이 왔어요. 신데렐라의 저녁 식사 손님은 모두 몇 명일까요?

(3) 100보다 작은 수 중에서 각 자리의 숫자를 더하면 7이 되는 수는 모두 몇 개인가요?

(4) 침착한 마녀는 물약을 만드는 데 거미를 8마리 쓰고, 덜렁이 마녀는 침착한 마녀보다 5마리 더 많이 씁니다. 물약을 만들기 위해 두 마녀가 사용하는 거미는 모두 몇 마리인지 식을 바르게 쓴 사람은 누구인가요?

(5) 장화 신은 고양이는 베개 12개를 갖고 있고, 백설 공주는 베개 4개를 갖고 있어요. 장화 신은 고양이가 백설 공주에게 몇 개를 줘야 두 사람이 가진 베개의 수가 같아질까요?

빨간 망토의 정답 개수

그레텔의 정답 개수

엄지 공주의 정답 개수

짝꿍은 누구일까?

우정 기념 축제의 마지막은 무도회예요.
동화 나라의 소녀들은 모두 밤새도록 춤을 출 준비가 되어 있어요.
귀여운 소녀들이 짝꿍을 찾을 수 있도록 도와주세요. 소녀들이 말하는 단서를 듣고,
책 뒤에 있는 짝꿍을 오려서 붙여 주세요.

무도회가 시작하기 전에 깃발을 규칙대로 장식하려고 해요.
54쪽 깃발 아래 달린 원에 적힌 숫자를 보고, 숫자의 규칙을 찾아서
빈칸에 알맞은 수를 써넣으세요.
이 규칙대로 깃발을 장식한다면 23번째 깃발은 무슨 색일까요?
이 규칙대로 50개의 깃발이 장식되어 있다면 빨간색 깃발은 모두 몇 개일까요?

구슬은 모두 몇 개인지 덧셈식과 곱셈식으로 나타내어 보세요.

1.
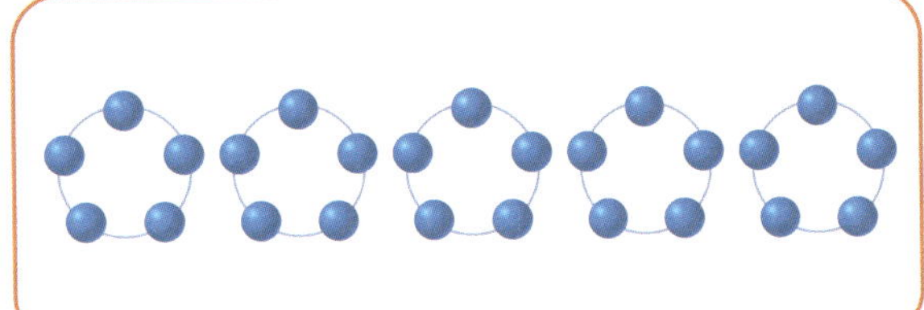

$5 + 5 + 5 + 5 + 5 = \boxed{}$

➡ $5 \times \boxed{} = \boxed{}$

2.
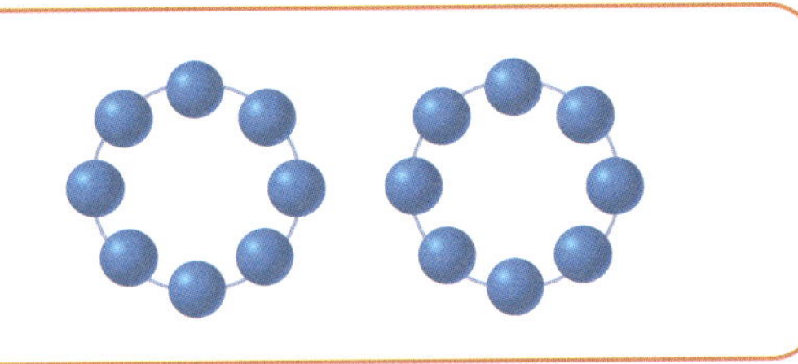

$8 + 8 = \boxed{}$

➡ $8 \times \boxed{} = \boxed{}$

3.
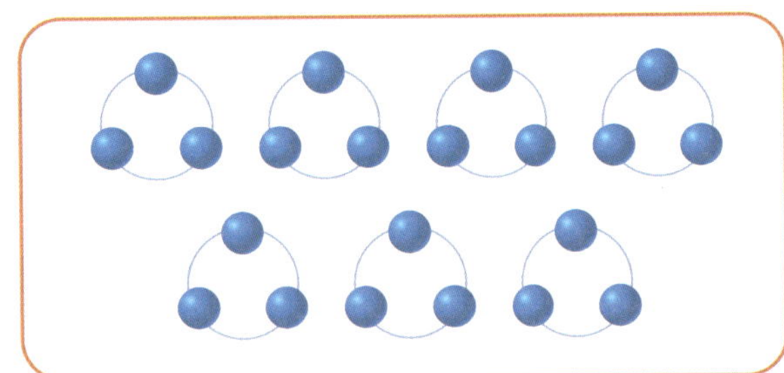

$3 + 3 + 3 + 3 + 3 + 3 + 3 = \boxed{}$

➡ $3 \times \boxed{} = \boxed{}$

4.
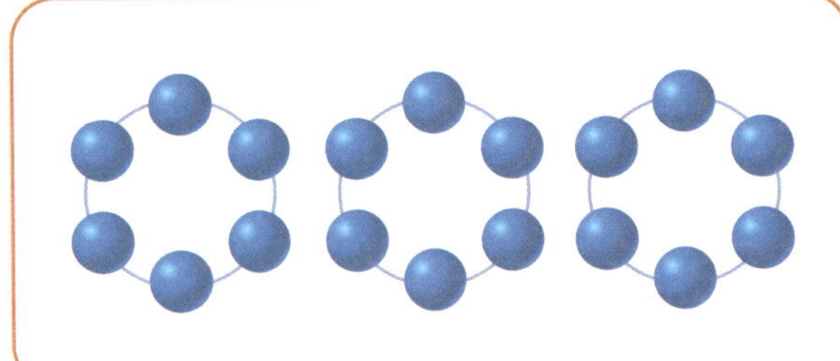

$6 + 6 + 6 = \boxed{}$

➡ $6 \times \boxed{} = \boxed{}$

곱셈을 덧셈식으로 나타내어 계산해 보세요.

5. $\boxed{2 \times 6}$ ➡ $2 + 2 + \boxed{} + \boxed{} + \boxed{} + \boxed{} = \boxed{}$ ➡ $2 \times 6 = \boxed{}$

6. $\boxed{7 \times 4}$ ➡ ➡ $7 \times 4 = \boxed{}$

7. $\boxed{9 \times 5}$ ➡ ➡ $9 \times 5 = \boxed{}$

 모두 몇 개인지 여러 가지 방법으로 나타내어 보세요.

8.
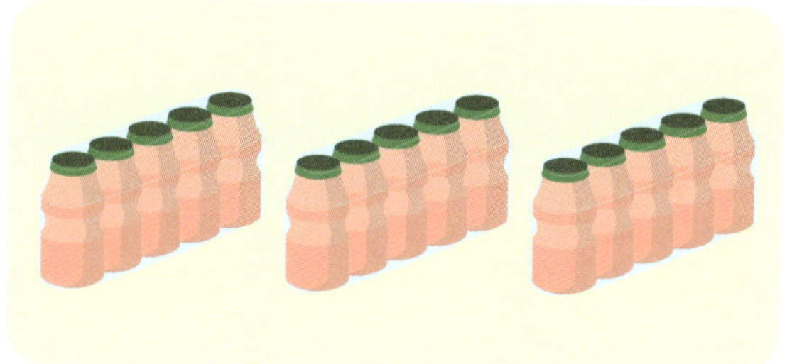

5씩 ☐ 묶음

➜ 5 × ☐ = ☐

9.

6의 ☐ 배

➜ 6 × ☐ = ☐

 곱셈표를 완성해 보세요.

10.

×	1	2	3	4
3				

11.

×	3	5	7	9
4				

12.

×	2	4	6	8
6				

13.

×	1	3	6	9
7				

14.

×	1	5	7	8
8				

15.

×	2	3	4	5
9				

 ☐ 안에 알맞은 수를 써넣으세요.

16. $1 \times 6 =$ ☐

17. $0 \times 4 =$ ☐

18. $5 \times 0 =$ ☐

19. $2 \times$ ☐ $= 14$

20. ☐ $\times 8 = 40$

21. $7 \times$ ☐ $= 56$

22. $3 \times$ ☐ $= 27$

23. ☐ $\times 7 = 56$

24. ☐ $\times 2 = 18$

25. ☐ $\times 9 = 9$

26. $5 \times$ ☐ $= 0$

27. $1 \times$ ☐ $= 4$

 도넛은 모두 몇 개인지 여러 가지 곱셈식으로 나타내어 보세요.

28. 

$3 \times$ ☐ $= 24$

$4 \times$ ☐ $= 24$

$6 \times$ ☐ $= 24$

$8 \times$ ☐ $= 24$

29. 

☐ $\times 6 = 12$

☐ $\times 4 = 12$

☐ $\times 3 = 12$

☐ $\times 2 = 12$

 물음에 알맞은 풀이와 답을 써 보세요.

30. 한 팀에 농구 선수가 5명씩 있습니다. 농구 경기에 7팀이 참가했다면 농구 선수는 모두 몇 명인가요?

풀이

답

31. 준오의 나이는 9살입니다. 어머니의 나이는 준오 나이의 4배보다 5살 더 많습니다. 어머니의 나이는 몇 살인가요?

풀이

답

 곱셈식을 이용하여 나눗셈의 몫을 구해 보세요.

32.
$$12 \div 3 = \boxed{}$$
$$3 \times \boxed{} = 12$$

33.
$$21 \div 7 = \boxed{}$$
$$7 \times \boxed{} = 21$$

34.
$$32 \div 4 = \boxed{}$$
$$4 \times \boxed{} = 32$$

35.
$$54 \div 6 = \boxed{}$$
$$6 \times \boxed{} = 54$$

36. 그림을 보고 $\boxed{}$ 안에 알맞은 수를 써넣으세요.

$$2 \times 9 = 18$$

$$18 \div \boxed{} = \boxed{}$$

$$18 \div \boxed{} = \boxed{}$$

연산력 쑥쑥

더 풀어 보기

나눗셈의 몫을 구해 보세요.

37. $21 ÷ 3 = \square$

$24 ÷ 3 = \square$

$27 ÷ 3 = \square$

38. $20 ÷ 5 = \square$

$25 ÷ 5 = \square$

$30 ÷ 5 = \square$

39. $14 ÷ 7 = \square$

$21 ÷ 7 = \square$

$28 ÷ 7 = \square$

40. $40 ÷ 8 = \square$

$48 ÷ 8 = \square$

$56 ÷ 8 = \square$

41. $18 ÷ 6 = \square$

$24 ÷ 6 = \square$

$30 ÷ 6 = \square$

42. $24 ÷ 4 = \square$

$28 ÷ 4 = \square$

$32 ÷ 4 = \square$

$\square$ 안에 알맞은 수를 써넣으세요.

43. $6 ÷ \square = 3$

44. $15 ÷ \square = 5$

45. $28 ÷ \square = 7$

46. $\square ÷ 6 = 5$

47. $\square ÷ 5 = 8$

48. $\square ÷ 2 = 5$

49. 똑같은 벽돌을 4층까지 쌓았더니 높이가 36cm가 되었습니다. 벽돌 한 개의
    높이는 몇 cm인가요?

50. 그림을 보고 ⬜ 안에 알맞은 수를 써넣으세요.

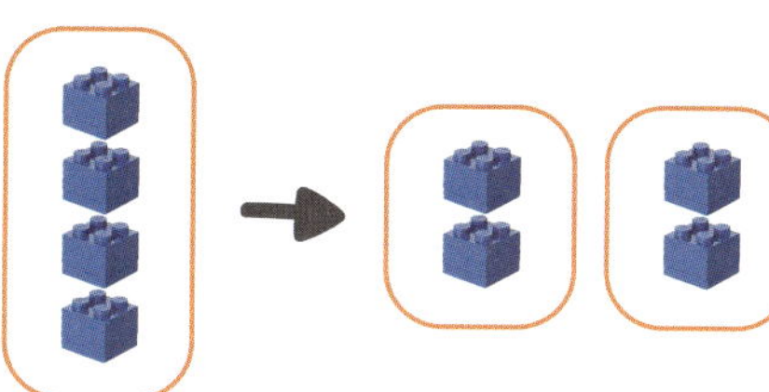
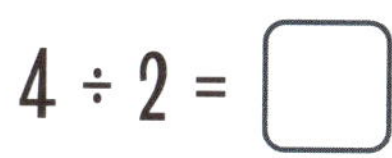

$4 \div 2 = \boxed{}$

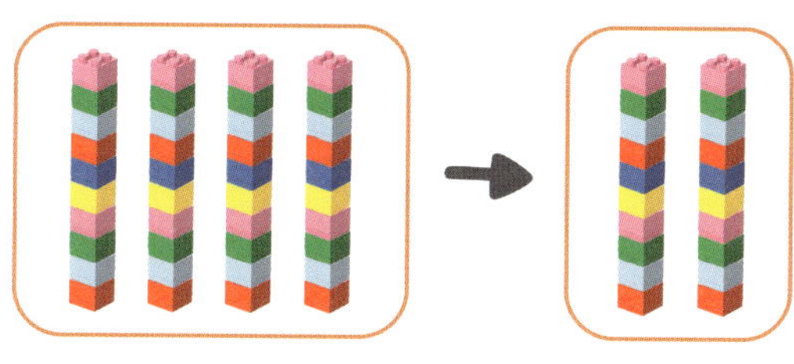

$40 \div 2 = \boxed{}$

⬜ 안에 알맞은 수를 써넣으세요.

51.

$$8\,\overline{)\,6\;\;0}$$

$\boxed{}\;\boxed{} \leftarrow 8 \times \boxed{}$

$\boxed{}$

52.

$$6\,\overline{)\,5\;\;0}$$

$\boxed{}\;\boxed{} \leftarrow 6 \times \boxed{}$

$\boxed{}$

53.

$$5\,\overline{)\,7\;\;0}\quad 1\,\boxed{}$$

$\boxed{}\;0 \leftarrow 5 \times 10$

$\boxed{}\;0$

$\boxed{}\;\boxed{} \leftarrow 5 \times \boxed{}$

0

54.

$$2\,\overline{)\,9\;\;1}\quad \boxed{}\,\boxed{}$$

$\boxed{}\;0 \leftarrow 2 \times \boxed{}$

$\boxed{}\;1$

$\boxed{}\;\boxed{} \leftarrow 2 \times \boxed{}$

1

 □ 안에 알맞은 수를 써넣으세요.

55. 카드가 35장 있습니다. 4명이 똑같이 나누어 가지면 한 명이 카드를 몇 장씩 가질 수 있고, 몇 장이 남을까요?

> 답   한 명이 □ 장씩 가질 수 있고, □ 장이 남습니다.

56. 귤이 70개 있습니다. 귤을 6모둠에게 똑같이 나누어 준다면 한 모둠에게 몇 개씩 줄 수 있고, 몇 개가 남을까요?

> 답   한 모둠에게 □ 개씩 줄 수 있고, □ 개가 남습니다.

(두 자리 수) × (한 자리 수)를 계산해 보세요.

57.

	3	2
×		3

58.

	2	1
×		4

59.

	1	3
×		4

60.

	4	6
×		2

61.

	2	7
×		5

62.

	6	5
×		8

 안에 알맞은 수를 써넣으세요.

63.
```
    1  6
  ×    □
  ───────
    8  0
```

64. 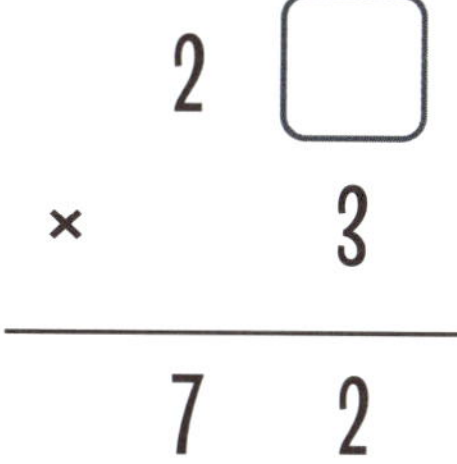
```
    2  □
  ×    3
  ───────
    7  2
```

65.
```
    4  9
  ×    □
  ───────
  2 9  4
```

66.
```
    5  □
  ×    7
  ───────
  3 9  9
```

 3장의 수 카드를 □ 안에 한 번씩만 써넣어 곱이 가장 큰 곱셈식과 곱이 가장 작은 곱셈식을 만들고 계산해 보세요.

67. 

(1) 곱이 가장 큰 곱셈식 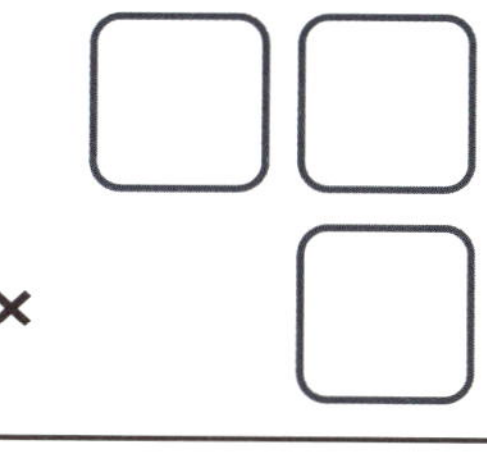

(2) 곱이 가장 작은 곱셈식

68. 

(1) 곱이 가장 큰 곱셈식 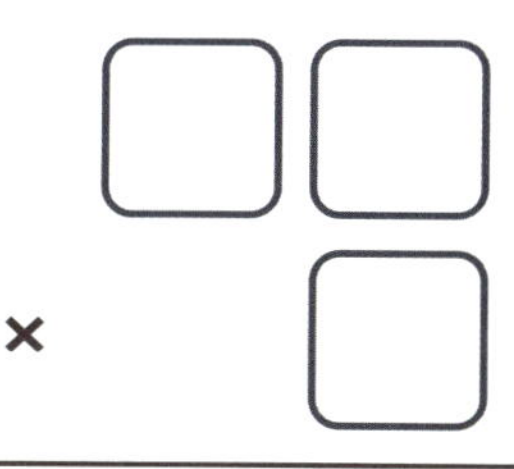

(2) 곱이 가장 작은 곱셈식

9쪽

2-4-6-8-10-12-14-16-18-20
3-6-9-12-15-18-21-24-27-30
5-10-15-20-25-30-35-40-45-50
7-14-21-28-35-42-49-56-63-70

11쪽

9×1=9, 9×2=18, 9×3=27, 9×4=36, 9×5=45,
9×6=54, 9×7=63, 9×8=72, 9×9=81, 9×10=90
(1) 십의 자리 숫자는 1씩 커지고, 일의 자리 숫자는 1씩 작아집니다.
(2) 일의 자리 숫자와 십의 자리 숫자를 더하면 항상 9입니다.

12쪽

0-10-20-30-40-50-60-70-80-90-100
0-8-16-24-32-40-48-56-64-72-80
0-11-22-33-44-55-66-77-88-99-110

13쪽

×	1	2	3	4	5	6	7	8	9	10
4	4	8	12	16	20	24	28	32	36	40
6	6	12	18	24	30	36	42	48	54	60

(1) 12, 24, 36
(2) 12씩 뛰어 세기 한 수입니다.

15쪽

×	0	1	2	3	4	5	6	7	8	9	10
0	0	0	0	0	0	0	0	0	0	0	0
1	0	1	2	3	4	5	6	7	8	9	10
2	0	2	4	6	8	10	12	14	16	18	20
3	0	3	6	9	12	15	18	21	24	27	30
4	0	4	8	12	16	20	24	28	32	36	40
5	0	5	10	15	20	25	30	35	40	45	50
6	0	6	12	18	24	30	36	42	48	54	60
7	0	7	14	21	28	35	42	49	56	63	70
8	0	8	16	24	32	40	48	56	64	72	80
9	0	9	18	27	36	45	54	63	72	81	90
10	0	10	20	30	40	50	60	70	80	90	100

(1) 0에 어떤 수를 곱하면 항상 0이 나옵니다.
(2) 1에 어떤 수를 곱하면 어떤 수 자신이 나옵니다.
(3) 일의 자리 숫자는 항상 0입니다.

17쪽

18~19쪽

(1) 7×2×7=98, 98장
(2) 7×2=14, 14개
(3) 7×2×4=56, 56송이
(4) 8×3=24, 24개
(5) 12×6=72, 72분

20쪽

21쪽

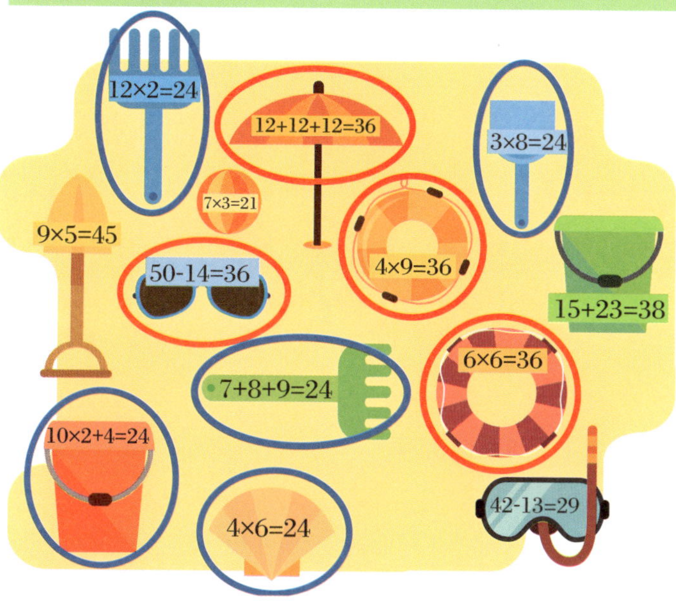

25쪽

12÷2=6
18÷2=9
24÷2=12

28쪽

(1) 7줄, 2개
(2) 7줄, 1개
(3) 10줄, 3개
(4) 9줄, 0개

29쪽

(1) 6병
(2) 병: 8×6=48(원), 마개: 4×6=24(원)
  → 48+24=72(원)

27쪽

16÷6	몫 2, 나머지 4
26÷8	몫 3, 나머지 2
39÷7	몫 5, 나머지 4
44÷6	몫 7, 나머지 2
64÷8	몫 8, 나머지 0
38÷5	몫 7, 나머지 3

30쪽

(책장을 오른쪽으로 돌려서 답을 맞춰 보세요.)

4×8=32	6×6=36	8×9=72
8×8=64	9×4=36	3×5=15
7×8=56	5×7=35	8×5=40
7×2=14	5×4=20	2×6=12
9×10=90	6×7=42	9×3=27
8×3=24	6×9=54	9×9=81
7×3=21	9×1=9	6×4=24
7×7=49	4×7=28	4×4=16
2×10=20	3×3=9	6×3=18

31쪽

8÷2=4	15÷5=3	35÷5=7	18÷2=9	
64÷8=8	28÷4=7	30÷10=3	27÷9=3	72÷8=9
32÷8=4	36÷4=9	24÷4=6	42÷6=7	

32쪽

36÷6=6 → 6+2=8 → 8×8=64 → 64-9=55
42÷6=7 → 7+2=9 → 9×8=72 → 72-9=63
24÷6=4 → 4+2=6 → 6×8=48 → 48-9=39
30÷6=5 → 5+2=7 → 7×8=56 → 56-9=47

55 + 63 + 39 + 47=204

33쪽

27-3=24 → 24÷4=6 → 6×5=30 → 30-11=19 → 19+2=21
19-3=16 → 16÷4=4 → 4×5=20 → 20-11=9 → 9+2=11
15-3=12 → 12÷4=3 → 3×5=15 → 15-11=4 → 4+2=6
39-3=36 → 36÷4=9 → 9×5=45 → 45-11=34 → 34+2=36

21+11+6+36=74

35쪽

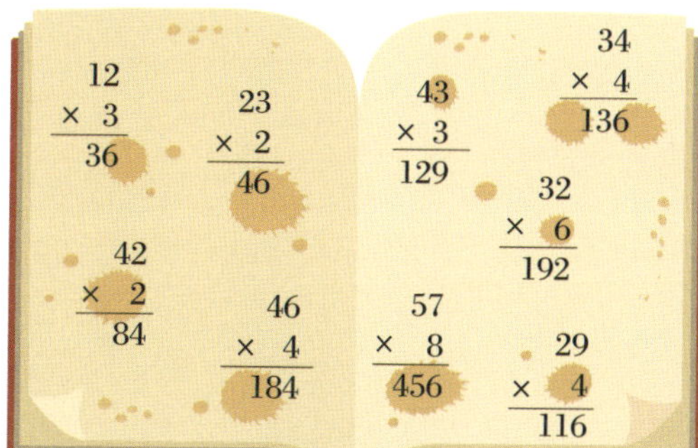

36쪽

★ = 3
☾ = 4
♥ = 2
☀ = 5
☁ = 10
🪄 = 3
🍃 = 4
🐱 = 8

37쪽

38~39쪽

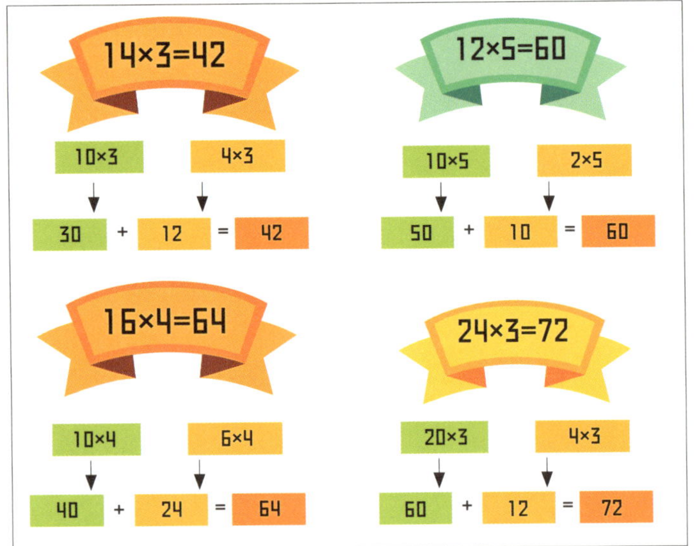

41쪽

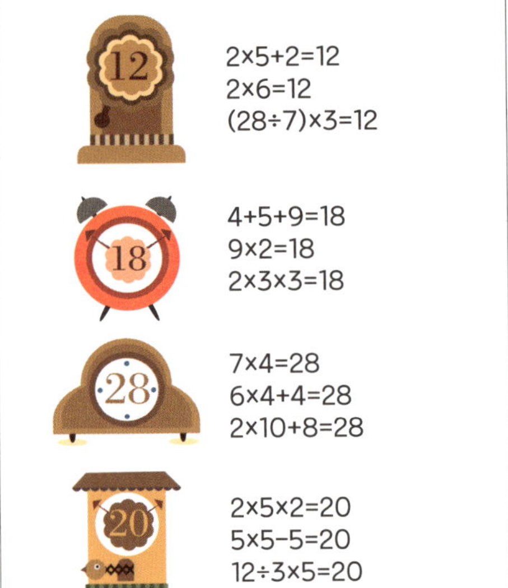

40쪽

(1) 27   (2) 63   (3) 16   (4) 20
(5) 32×2=64, 31×3=93
　　→ 64+93=157

43쪽

(1) 12   (2) 6   (3) 5

45쪽

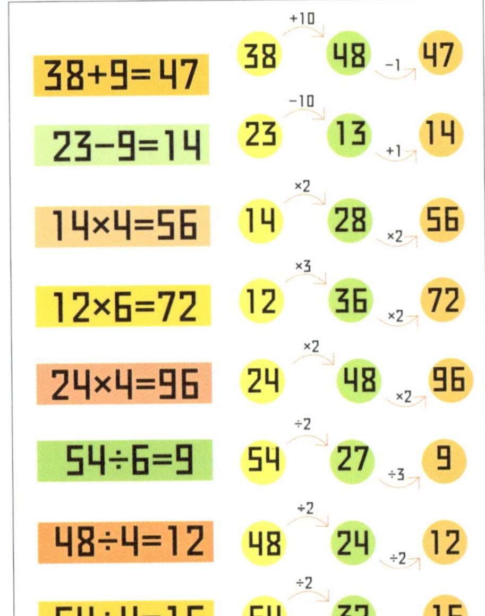

44쪽

46~47쪽

48~49쪽

(1) 위에서부터
　　70원, 78원, 64원

(2)
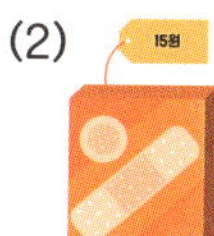

(3) 빨간색 베개: 31원
　　초록색 베개: 34원
　　보라색 베개: 36원

뚜리 퀴즈
(1) 110원 (2) 40원

51쪽

52쪽

아기 돼지: 7 × 4 − 5 = 23
(12×2) + (2×3) = 30
(26÷2) + 8 = 21
23 + 30 + 21 = 74, 합계: 74

검은 늑대: 10 × 3 − 4 = 26
(8×8) − (4×6) = 40
(6×4) ÷ 2 = 12
26 + 40 + 12 = 78, 합계: 78

53쪽

(1) 2, 12, 22, 32, 42, 52, 62, 72, 82, 92, 20, 21, 23, 24, 25, 26, 27, 28, 29 → 19개

(2) 2 + 2 + 2 = 6 → 6명

(3) 7, 70, 16, 61, 25, 52, 34, 43 → 8개

(4) 침착한 마녀: 8마리
　　덜렁이 마녀: 8+5(마리) → 8+8+5(마리)

(5) 4개

빨간 망토의 정답 개수: 1
그레텔의 정답 개수: 3
엄지 공주의 정답 개수: 1

54~55쪽

(1) 5를 더하고 그 다음에는 3을 빼는 규칙이 반복됩니다. → 7, 12, 9, 14, 11, 16, 13, 18

(2) 빨강, 노랑, 노랑, 빨강, 파랑, 파랑, 빨강이 반복되어 나오는 규칙입니다. → 23번째 깃발은 노랑입니다.

(3) 50개의 깃발 중 빨강은 22개입니다.

더 풀어 보기 정답

56쪽

1. 25, 5, 25　　2. 16, 2, 16　　3. 21, 7, 21　　4. 18, 3, 18

5. 2, 2, 2, 2, 12, 12　　6. 7+7+7+7=28, 28　　7. 9+9+9+9+9=45, 45

57쪽

8. 3, 3, 15　　9. 5, 5, 30　　10. 3, 6, 9, 12　　11. 12, 20, 28, 36

12. 12, 24, 36, 48　　13. 7, 21, 42, 63　　14. 8, 40, 56, 64

15. 18, 27, 36, 45

58쪽

16. 6　　17. 0　　18. 0　　19. 7　　20. 5　　21. 8

22. 9　　23. 8　　24. 9　　25. 1　　26. 0　　27. 4

28. 8, 6, 4, 3　　29. 2, 3, 4, 6

59쪽

30. 풀이 5명씩 7팀 → 5×7=35(명)　답 35명

31. 풀이 9살의 4배 → 9×4=36(살), (어머니의 나이)=36+5=41(살)　답 41살

32. 4, 4,　　33. 3, 3,　　34. 8, 8,　　35. 9, 9,

36. 2, 9/ 9, 2

60쪽

37. 7, 8, 9	38. 4, 5, 6	39. 2, 3, 4	40. 5, 6, 7	41. 3, 4, 5
42. 6, 7, 8	43. 2	44. 3	45. 4	46. 30
47. 40	48. 10	49. 9cm		

61쪽

50. 2, 20

51.
$$\begin{array}{r} 7 \\ 8\,\overline{)\,6\;0} \\ 5\;6 \quad \leftarrow 8 \times 7 \\ \hline 4 \end{array}$$

52.
$$\begin{array}{r} 8 \\ 6\,\overline{)\,5\;0} \\ 4\;8 \quad \leftarrow 6 \times 8 \\ \hline 2 \end{array}$$

53.
$$\begin{array}{r} 1\;4 \\ 5\,\overline{)\,7\;0} \\ 5\;0 \quad \leftarrow 5 \times 10 \\ \hline 2\;0 \\ 2\;0 \quad \leftarrow 5 \times 4 \\ \hline 0 \end{array}$$

54.
$$\begin{array}{r} 4\;5 \\ 2\,\overline{)\,9\;1} \\ 8\;0 \quad \leftarrow 2 \times 40 \\ \hline 1\;1 \\ 1\;0 \quad \leftarrow 2 \times 5 \\ \hline 1 \end{array}$$

62쪽

55. 8, 3	56. 11, 4	57. 96	58. 84	59. 52	60. 92
61. 135	62. 520				

63쪽

63. 5	64. 4	65. 6	66. 7

67. (1) 41×5=205 (2) 45×1=45

68. (1) 32×6=192 (2) 36×2=72

수빠맨 과 함께하는 초등 수학 학습 로드맵

쉽고 재미있게 초등 수학 전 과정을 배워 보세요.

초등 수학 교육 과정

수와 연산	도형과 측정
변화와 관계	자료와 가능성

영역	권	권 제목	세부 영역	학습 주제	권장 학년	학습 내용
수와 연산 기본	1	숫자 영웅들의 수학 모험	수와 연산	· 수 · 도형 기초	1학년	· 0에서 9까지 수 익히기 · 여러 가지 선 알기 · 평면도형 개념 알기 · 도형의 안과 밖 깨치기
	2	덧셈 뺄셈 몬스터 왕국	수와 연산	· 덧셈과 뺄셈 기초	1학년	· 두 자리 수 익히기 · 모양과 크기가 같은 도형 찾기 · 덧셈식과 뺄셈식의 기초
	3	나무마니 마을의 더하기 빼기	수와 연산	· 덧셈과 뺄셈 심화	1학년	· 세 수의 덧셈식과 뺄셈식 · 100까지 수 익히기 · 좌표 읽기 기초 · 묶어 세기
	4	곱셈구구 나라의 비밀	수와 연산	· 곱셈과 나눗셈 기초	2학년	· 곱셈구구 · 곱셈식과 나눗셈식 · 복잡한 계산식 쉽게 풀기
	5	사칙연산 바다를 지켜라	수와 연산	· 사칙연산 기초	2학년	· 연산 규칙 찾기 · 여러 가지 방법으로 복합 사칙연산 하기 · 덧셈과 뺄셈의 관계를 식으로 나타내기
	6	곱셈 공장 수리 작전	수와 연산	· 사칙연산 심화	2학년 ~ 4학년	· 곱셈·나눗셈 세로식 풀이 · 곱셈의 교환법칙과 결합법칙 · 약수와 배수 · 나눗셈의 몫을 곱셈식으로 구하기

영역	권	권 제목	세부 영역	학습 주제	권장 학년	학습 내용
수와 연산 심화	7	곱셈 나눗셈으로 요리를 뚝딱	수와 연산	·곱셈과 나눗셈 심화 ·분수 기초	3학년 ~ 5학년	· (몇십)×(몇)을 구하기 · (몇십)÷(몇)을 구하기 · 똑같이 나누기 · 분수로 나타내기 · 단위분수 개념
	8	분수 도둑을 잡아라	수와 연산	·분수	3학년 ~ 5학년	· 분자와 분모 · 크기가 같은 분수 만들기 · 분수 크기 비교 · 분수 계산
	9	소수 해적단의 바다 탐험	수와 연산	·소수 ·백분율	3학년 ~ 6학년	· 소수 개념 · 소수 크기 비교 · 소수 계산 · 백분율 개념과 분수를 백분율로 치환하기
	10	수학 마법의 성에서 규칙 찾기	수와 연산	·사고력 연산	2학년 ~ 5학년	· 수 배열 규칙 찾기 · 읽고 이해해서 푸는 문해력 연산 · 연산식으로 암호 풀기 · 연산 미로

영역	권	권 제목	세부 영역	학습 주제	권장 학년	학습 내용
도형과 측정, 변화와 관계, 자료와 가능성	11	공룡을 재는 여러 단위	측정	·길이 ·들이 ·무게 ·시간	2학년 ~ 3학년	· 길이, 넓이, 무게, 들이의 단위 · 기호를 숫자로 나타내기 · 시간과 시계 읽는 법 · 섭씨 온도와 화씨 온도
	12	규칙 유령이 사는 집	변화와 관계	·규칙과 추론	2학년 ~ 4학년	· 수 배열 규칙 추론 · 계산식에서 규칙 추론 · 무늬에서 규칙 추론 · 도형의 배열에서 규칙 추론
	13	도형과 함께 우주 탐험	도형	·도형 ·공간	3학년 ~ 6학년	· 선의 종류(선분과 직선) · 각과 직각 · 평면도형 · 정다면체 · 대칭이동과 회전이동, 평행이동
	14	숫자와 그래프로 마을을 구하라	자료와 가능성	·그래프 ·집합	3학년 ~ 6학년	· 표와 그래프 읽기 · 자료 조사와 표, 그래프로 나타내기 · 벤 다이어그램과 집합 · 비례식

글 | 린다 베르톨라

밀라노 가톨릭 대학교에서 외국어를 전공했습니다. 학교 안팎에서 특수 교육이 필요한 학생들을 위한 교육 및 학습 지원에도 관심이 많으며, 다문화 교사로도 활동하고 있습니다. 현재는 재미있는 수학 학습법을 열정적으로 연구하며 지내고 있습니다.

그림 | 아그네세 바루치

ISIA(최고예술산업연구소)에서 그래픽을 공부했습니다. 2001년부터 일러스트레이터이자 작가로 활동하고 있으며 청소년을 위한 책들을 출판했습니다.

감수 | 송용진

한국을 대표하는 위상수학자입니다. 서울대학교 수학과를 졸업하고 미국 오하이오주립대에서 박사학위를 받았습니다. 오랫동안 영재교육과 수학올림피아드에 대한 일을 해 왔으며 지금은 국제 수학올림피아드 선출직 위원(IMO Board Member)으로 활동하고 있습니다. 쓴 책으로 《수학은 우주로 흐른다》, 《영재의 법칙》, 《수학자가 들려주는 진짜 논리 이야기》 등이 있습니다.

14쪽: 곱셈구구 링카드 만들기

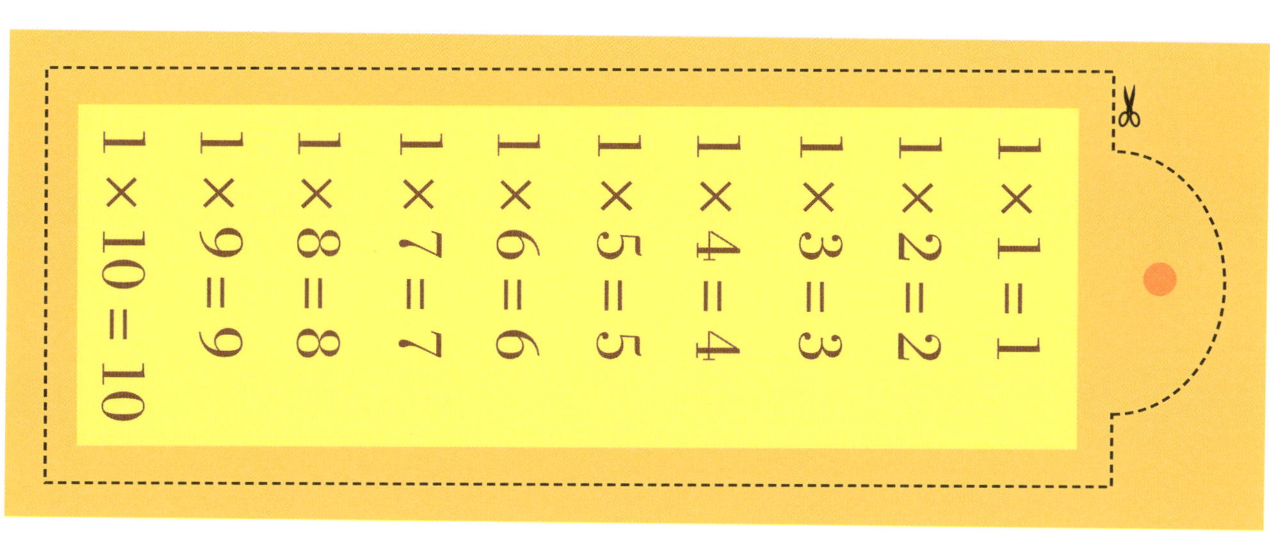

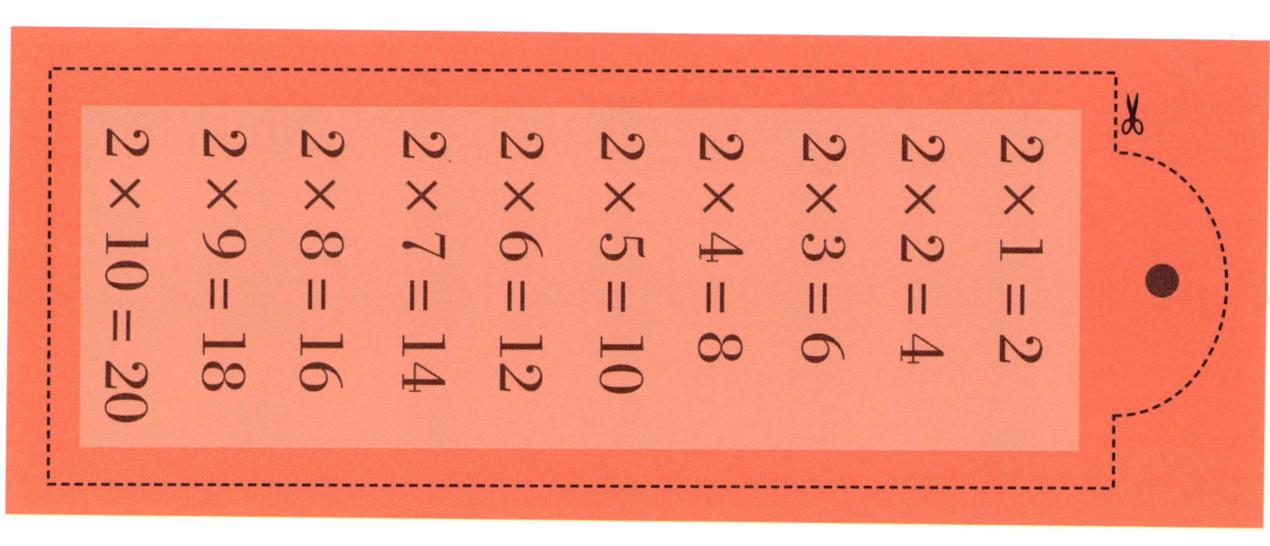

$4 \times 1 = 4$

$4 \times 2 = 8$

$4 \times 3 = 12$

$4 \times 4 = 16$

$4 \times 5 = 20$

$4 \times 6 = 24$

$4 \times 7 = 28$

$4 \times 8 = 32$

$4 \times 9 = 36$

$4 \times 10 = 40$

$5 \times 1 = 5$

$5 \times 2 = 10$

$5 \times 3 = 15$

$5 \times 4 = 20$

$5 \times 5 = 25$

$5 \times 6 = 30$

$5 \times 7 = 35$

$5 \times 8 = 40$

$5 \times 9 = 45$

$5 \times 10 = 50$

$6 \times 1 = 6$

$6 \times 2 = 12$

$6 \times 3 = 18$

$6 \times 4 = 24$

$6 \times 5 = 30$

$6 \times 6 = 36$

$6 \times 7 = 42$

$6 \times 8 = 48$

$6 \times 9 = 54$

$6 \times 10 = 60$

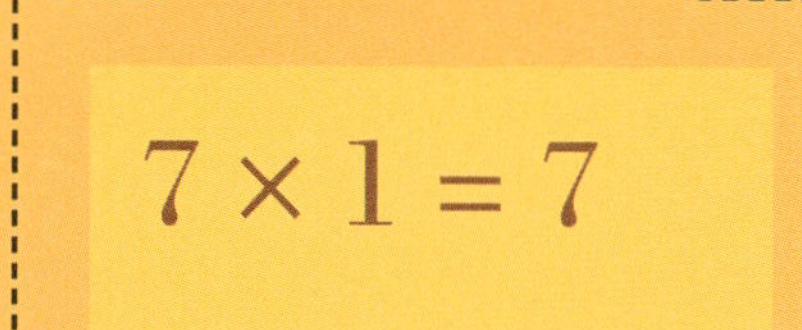

7 × 1 = 7	8 × 1 = 8	9 × 1 = 9	10 × 1 = 10
7 × 2 = 14	8 × 2 = 16	9 × 2 = 18	10 × 2 = 20
7 × 3 = 21	8 × 3 = 24	9 × 3 = 27	10 × 3 = 30
7 × 4 = 28	8 × 4 = 32	9 × 4 = 36	10 × 4 = 40
7 × 5 = 35	8 × 5 = 40	9 × 5 = 45	10 × 5 = 50
7 × 6 = 42	8 × 6 = 48	9 × 6 = 54	10 × 6 = 60
7 × 7 = 49	8 × 7 = 56	9 × 7 = 63	10 × 7 = 70
7 × 8 = 56	8 × 8 = 64	9 × 8 = 72	10 × 8 = 80
7 × 9 = 63	8 × 9 = 72	9 × 9 = 81	10 × 9 = 90
7 × 10 = 70	8 × 10 = 80	9 × 10 = 90	10 × 10 = 100

12면 주사위

12면 주사위

37쪽: 공주를 도와줘!

48~49쪽: 가격표를
붙여 줘!

31

36

34

78

64

70

52~53쪽: 알맞은
메달을 찾아 줘!

74

78

1

3

1

곱셈구구 나라 이름표